O. Jungbluth · E. L. Hiegele

Bemessungshilfen für den Konstruktiven Ingenieurbau

Teil I: Plastische Interaktion

Design Aids in Constructional Engineering

Part I: Plastical Interaction

Mit 134 Abbildungen / With 134 Figures

Springer-Verlag Berlin Heidelberg New York 1982

Dr.-Ing. Otto Jungbluth, o. Professor
Institut für Stahlbau und Werkstoffmechanik
Technische Hochschule Darmstadt

Dr.-Ing. Ernst Ludwig Hiegele, selbständiger Ingenieur
IEZ Ingenieur- und Softwarebüro
Dr.-Ing. Merkel, Dr.-Ing. Hiegele
Heppenheim

CIP-Kurztitelaufnahme der Deutschen Bibliothek
Jungbluth, Otto:
Bemessungshilfen für den Konstruktiven
Ingenieurbau = Design Aids in Constructional
Engineering / O. Jungbluth ; E. L. Hiegele.
– Berlin ; Heidelberg ; New York : Springer

ISBN 978-3-540-11802-2   ISBN 978-3-642-51605-4 (eBook)
DOI 10.1007/978-3-642-51605-4

NE: Hiegele, Ernst L.:
Teil 1. Plastische Interaktion. – 1982.

Das Werk ist urheberrechtlich geschützt. Die dadurch begründeten Rechte, insbesondere die der Übersetzung, des Nachdrucks, der Entnahme von Abbildungen, der Funksendung, der Wiedergabe auf photomechanischem oder ähnlichem Wege und der Speicherung in Datenverarbeitungsanlagen bleiben, auch bei nur auszugsweiser Verwertung, vorbehalten.

Die Vergütungsansprüche des § 54 Abs. 2 UrhG werden durch die „Verwertungsgesellschaft Wort", München, wahrgenommen.

© Springer-Verlag Berlin, Heidelberg 1982

Die Wiedergabe von Gebrauchsnamen, Handelsnamen, Warenbezeichnungen usw in diesem Werk berechtigt auch ohne besondere Kennzeichnung nicht zu der Annahme, daß solche Namen im Sinne der Warenzeichen- und Markenschutz-Gesetzgebung als frei zu betrachten wären und daher von jedermann benutzt werden dürften.

Inhaltsverzeichnis

1. Einleitung VII
2. Interaktionsdiagramme für einachsige Biegung VIII
    2.1 Aufbau der Diagramme VIII
    2.2 Anwendung der Diagramme IX
    2.3 Beispiel X
3. Interaktionsdiagramme für zweiachsige Biegung XI
    3.1 Aufbau der Diagramme XI
    3.2 Anwendung der Diagramme XI
    3.3 Beispiel XII

Literaturangaben XIII

Verzeichnis der Bemessungsdiagramme XIV

    Einachsige Biegung: 1
    I-Profile 1
    Biegung um die starke Achse 1
    Biegung um die schwache Achse . . . 19
    Hohlprofile 37
    Zweiachsige Biegung: 62
    I-Profile 62
    Hohlprofile 107

Contents

1. Introduction VII
2. Interaction Diagrams for Uniaxial Bending VIII
    2.1 Structure of the Diagrams VIII
    2.2 Application of the Diagrams IX
    2.3 Example X
3. Interaction Diagrams for Biaxial Bending XI
    3.1 Structure of the Diagrams XI
    3.2 Application of the Diagrams XI
    3.3 Example XII

References XIII

Register of Design Diagrams XIV

    Uniaxial Bending: 1
    I-Sections 1
    Bending about the major axis 1
    Bending about the minor axis 19
    Hollow Sections 37
    Biaxial Bending: 62
    I-Sections 62
    Hollow Sections 107

1. Einleitung

Die neue Stabilitätsnorm DIN 18800, Teil 2 berücksichtigt bei der Bemessung stabilitätsgefährdeter Bauteile das wirkliche d.h. das plastische Werkstoffverhalten in noch ausgeprägterer Weise als die bisherige Norm DIN 4114.

In Übereinstimmung mit der alten DIN 4114, Ri Abs. 10.2 wird auch die Neufassung der Norm bei stabilitätsgefährdeten Stäben und Stabwerken, die planmäßig auf Druck und Biegung beansprucht werden, eine Berechnung nach Theorie II. Ordnung vorsehen, die dem Grenzlastnachweis entsprechend mit γ-fachen Lasten durchzuführen ist. Um Imperfektionen aller Art abzudecken, sind geometrische Ersatzimperfektionen bei der Berechnung zu berücksichtigen.

Zum Nachweis ausreichender Tragsicherheit kann die Elastizitätstheorie II. Ordnung, die Fließgelenktheorie II.Ordnung oder die Traglasttheorie benutzt werden. Im Regelfall wird die Schnittkraftermittlung nach der Elastizitätstheorie II. Ordnung durchgeführt werden. Die Bemessung kann dann zur Berücksichtigung plastischen Werkstoffverhaltens mit Hilfe von Interaktionsbedingungen an der höchstbeanspruchten Stelle des untersuchten Stabwerkes durchgeführt werden. Dieser "plastische" Grenztragfähigkeitsnachweis führt zu einer wirtschaftlicheren Querschnittsausnutzung als dee Bemessung auf der Grundlage eines Spannungsnachweises.

Mit der "plastischen" Bemessung im Versagenszustand - übrigens nicht nur bei Druck und Biegung, sondern auch z.B. beim Biegedrillknick- und beim Beulnachweis - stellt die Norm die Stabilitätsberechnung auf exaktere Grundlagen, was einerseits zu genaueren Ergebnissen führt, andererseits aber auch den Umfang der notwendigen Nachweise vergrößern kann. Durch Bemessungshilfen z.B. in Form der nachfolgenden Interaktionsdiagramme soll der Aufwand für die Praxis in vertretbarem Rahmen gehalten werden.

1. Introduction

In the design of instability sensitive components the new stability standard, DIN 18800, part 2 considers the actual, i.e. elasto-plastic, material behaviour in a more pronounced way than the present standard, DIN 4114.

The revised standard, in accordance with the previous DIN 4114, clause 10.2, requires a second order theory calculation with γ--factored loads to obtain the ultimate load of stability sensitive members and member systems subject to compression and to bending. All imperfections are included in the calculation as geometrically equivalent imperfections.

Second order elastic theory, second order plastic hinge theory or second order plastic theory may be used to check for adequate load carrying capacity. As a rule, second order elastic theory will be used to determine stress resultants. The most highly stressed area of the considered member system can then be accessed for elasto-plastic behaviour with the help of interaction formula. This "plastic" check of the limit load will provide a more effective exploitation of the cross section than a design on the basis of stress analysis.

The standard provides a more accurate basis for stability calculations with plasticity included in the ultimate limit state, not only for compression and bending, but also for e.g. lateral torsional buckling. This will lead to more accurate results on the one hand; but on the other hand will necessitate an increased number of design checks.

Design aids, e.g. in the form of the following interaction diagrams will help keep the workload at a reasonable level.

Um die Nachweise zu vereinfachen, wurden die in /2/ angegebenen Interaktionsbedingungen für die gängigen I-Profile, Quadrat-, Rechteck- und Kreis-Hohlprofile, bei einachsiger Biegung um die starke und die schwache Achse, sowie bei zweiachsiger Biegung in Form der nachstehenden Diagramme ausgewertet.

Durch die schnelle Profilwahl mit Diagrammen - die Bemessung ist kein iterativer Prozeß mehr, wie dies bei der formelmäßigen Auswertung der Interaktionsbedingungen oder beim Spannungsnachweis der Fall ist, - können mehr Alternativen in gleicher Zeit untersucht werden, so daß schneller eine optimale Bemessung erreicht werden kann.

Bei einer Vorbemessung erleichtern die Diagramme die Wahl der Steifigkeiten für die Schnittkraftermittlung, von deren Genauigkeit die Güte der Ergebnisse bei einer Berechnung nach Theorie II. Ordnung abhängt.

Erfolgt eine Stabbemessung mit dem Rechner, so kann sich die Ausgabe für den Prüfingenieur auf die Angabe der Schnittgrößen beschränken, die - unbeschadet des Biegedrillknick- und Beulnachweises - zusammen mit den entsprechenden Diagrammen ausreichen, um das Bemessungsergebnis zu verifizieren.

Die Auswertung entstand im Rahmen von Forschungsarbeiten, die vom Institut für Bautechnik, Berlin und von der Deutschen Forschungsgemeinschaft /3/ gefördert wurden, am Institut für Stahlbau und Werkstoffmechanik der Technischen Hochschule Darmstadt. Die Diagramme wurden mit einer Rechenanlage der mittleren Datentechnik, die von der DFG als Leihgabe zur Verfügung gestellt wurde, berechnet und gezeichnet.

In order to simplify the design checks, the interaction conditions given in /2/ were evaluated for the most frequently used I--sections, square, rectangular and circular hollow sections and are presented in the following diagrams for uniaxial bending about the major and minor axes as well as for biaxial bending.

With the quick election of cross section through diagrams like these - design is no longer an iterative process, whether for formal computation of interaction conditions or for stress checks - a greater number of alternatives can be examined in the same time and an optimal design can be achieved more quickly.

During preliminary design the diagrams facilitate the choice of stiffnesses for the determination of the stress resultants on whose accuracy the second order calculations are dependant.

Member design by computer is a straight forward procedure. Then the engineer can confine himself to the stress resultants, which, with corresponding diagrams - also considering lateral torsional and local buckling - enable the design results to be checked.

This evaluation was performed in the course of research projects /3/ sponsored by the "Deutsche Forschungsgemeinschaft" and the "Institut für Bautechnik" at the "Institut für Stahlbau und Werkstoffmechanik" at the Technical University of Darmstadt. The diagrams were calculated and plotted by a medium sized office computer on loan from DFG.

2. Interaktionsdiagramme für einachsige Biegung

2.1 Aufbau der Diagramme

Die Diagramme zeigen auf der Abszisse die Größe der Normalkraft in kN. Auf der Ordinate ist die Größe des Momentes in kNm auf-

2. Interaction Diagrams for Uniaxial Bending

2.1 Structure of the Diagrams

The diagrams give the axial force in kN on the abscissa and the bending moments in kNm on the ordinate. The maximum shear force which

getragen. Hinter dem Kurvenparameter "Profilbezeichnung" steht die Grenzquerkraft, bis zu der die Querkraft bei der Interaktion nicht berücksichtigt werden muß. Überschreitet die vorhandene Querkraft den angegebenen Wert, so können die Diagramme nicht mehr angewendet werden. Dies wird aber nur selten der Fall sein, so daß es nicht sinnvoll erschien, die Darstellung der Diagramme und ihre Anwendung durch einen weiteren Parameter zu komplizieren.

Es muß noch erwähnt werden, daß M_{pl} bei den Tafeln für I-Profile bei Biegung um die starke Achse nicht nach der Formel in /2/ berechnet, sondern der genaue Wert ($M_{pl} = 2 \cdot S_x \cdot \beta_S$) für die Darstellung der Kurven benutzt wurde. Bei Biegung um die schwache Achse wird $M_{pl,z}$ bei I-Profilen auf 95% abgemindert, um so den Einfluß der geneigten Flansche zu berücksichtigen.

can be ignored for interaction purposes, is given as the "section parameter". When the shear force exceeds the given value, these diagrams may no longer be used. However, this will only rarely occur and so it does not seem reasonable to complicate the presentation and use of the diagrams by adding another parameter.

It should be mentioned that the tables of M_{pl} for bending of I-sections about the major axis were not calculated by the formula in /2/. Rather the exact value ($M_{pl} = 2 \cdot S_x \cdot \beta_S$) was used for plotting the curves. The moment, $M_{pl,z}$ about the minor axis of I-sections has been reduced to 95% to allow for the influence of inclined flanges.

2.2 Anwendung der Diagramme

Nach der Berechnung der Schnittgrößen unter γ-fachen Lasten geht man mit den maßgebenden Schnittgrößen in das Diagramm mit dem zu bemessenden Profil bzw. der gewünschten Profilreihe. Das vorhandene Moment trägt man an der Ordinate, die vorhandene Normalkraft an der Abszisse an, und zeichnet von dort ausgehend eine Horizontale und eine Vertikale die einen Schnittpunkt liefern, der unterhalb oder auf der Kurve eines ausreichend bemessenen der Kurve eines ausreichend bemessenen Profils liegen muß. Außerdem darf die vorhandene Querkraft die profilabhängige Grenzquerkraft (QGR) nicht überschreiten.

Die Diagramme sind für St 37 aufgestellt, gelten aber auch für jede andere Stahlsorte, wenn die Schnittgrößen mit dem Verhältnis der Streckgrenzen multipliziert werden. Dieser Faktor ist für die gängigen Stahlsorten in der Tabelle unter der Abszisse angegeben.

Falls die Gefahr des Biegedrillknickens besteht - hierunter fällt auch das frühere Kippen - sind weitere Nachweise notwendig. Dies gilt auch, wenn einzelne Querschnittsteile des untersuchten Profils beulgefährdet sind.

2.2 Application of the Diagrams

Having calculated the stress resultants under γ-factored loads, the relevant stress resultants are entered into the diagramm for the section to be verified or the desired section series. A horizontal line is drawn from the ordinate of the moment and this intersects the vertical line from the abscissa of the normal force. The intersection must lie below or on the curve of a sufficiently designed section. Moreover, the existing shear force must not exceed the maximum permitted shear force for that section (QGR).

The diagrams are set up for St 37. They are valid, however, for other steels if the stress resultants are multiplied by the ratio of the elastic yield stresses. This ratio is given in the table below the abscissa for the most frequently used steels.

Further checks are necessary in the case of susceptibility to lateral torsional buckling, which includes the former lateral buckling. This will also apply if individual cross section parts of the profile under investigation are susceptible to local buckling.

2.3 Beispiel

Gesucht wird ein IPE-Profil der Stahlsorte St 37, das für die folgenden Schnittgrößen unter Bemessungslasten ausreichend bemessen ist:

M_y = 400 kNm
N = 1100 kN
Q_z = 150 kN

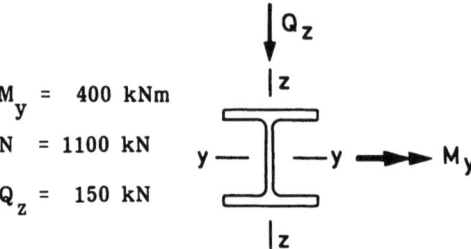

Ein IPE 500 ist ausreichend bemessen, da der Schnittpunkt unterhalb der Kurve liegt und Q_z = 150 kN < 228 kN = QGR ist.

2.3 Example

An IPE-section of grade St 37 steel is sought which will be adequately proportioned for the following stress reslutants under design loads:

An IPE 500 is adequately proportioned as the intersection point lies below the curve and Q_z = 150 kN < 228 kN = QGR.

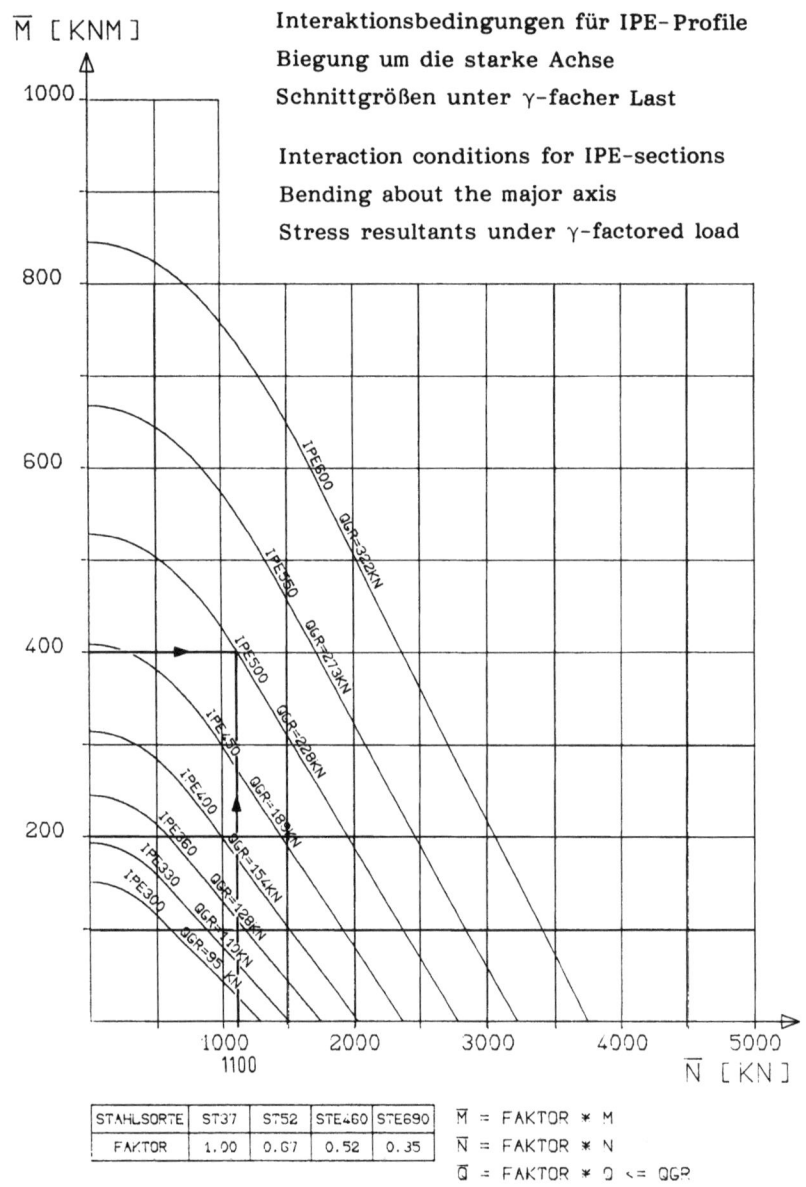

Interaktionsbedingungen für IPE-Profile
Biegung um die starke Achse
Schnittgrößen unter γ-facher Last

Interaction conditions for IPE-sections
Bending about the major axis
Stress resultants under γ-factored load

STAHLSORTE	ST37	ST52	STE460	STE690
FAKTOR	1.00	0.67	0.52	0.35

$\overline{M}$ = FAKTOR * M
$\overline{N}$ = FAKTOR * N
$\overline{Q}$ = FAKTOR * Q <= QGR

3. Interaktionsdiagramme für zweiachsige Biegung

3.1 Aufbau der Diagramme

Bei zweiachsiger Biegung lassen sich die Interaktionsbedingungen nicht mehr in so einfacher Form wie bei einachsiger Biegung darstellen, will man auch hier die Schnittgrößen nicht in bezogener Form als Abszissen- oder Ordinatenwerte auftragen. Dafür erspart man sich bei Anwendung der Diagramme aber eine größere Anzahl von Rechenschritten.

Die rechte Blatthälfte der Diagramme für zweiachsige Biegung entspricht der Darstellung für einachsige Biegung. Hinter dem Kurvenparameter "Profilbezeichnungen" stehen allerdings zwei Grenzquerkräfte $QGR,_z$ und $QGR,_y$. Die vorhandenen Werte von Q_z und Q_y dürfen $QGR,_z$ und $QGR,_y$ nicht überschreiten, sollen die Diagramme ihre Gültigkeit behalten.

Neu ist weiterhin eine Abszisse, auf der M_z angetragen wird. Darunter befinden sich genauso viele Kurvenscharen, wie Profile in dem jeweiligen Diagramm behandelt sind. Die Zuordnung der einzelnen Kurven zum zugehörigen Profil ergibt sich aus dem oberen Endpunkt der Kurven, die alle auf einer Horizontalen liegen, die die Ordinate mit M_y dort schneidet, wo auch die Profilkurve der rechten Diagrammhälfte des zugehörigen Profils einmündet.

3.2 Anwendung der Diagramme

Bei zweiachsiger Biegung muß man aus der Größenordnung der Schnittgrößen vorab das passende Profil schätzen. Dies ist wegen der Auftragung der tatsächlichen Schnittgrößen an Abszissen und Ordinate ohne Schwierigkeiten möglich.

Mit M_z, das man auf der oberen linken Abszisse anträgt, lotet man nach unten und schneidet diejenige Kurve der zum geschätzten Profil gehörenden Kurvenschar, deren Ursprung auf der Ordinate an der Stelle des vorhandenen M_y liegt.

3. Interaction Diagrams for Biaxial Bending

3.1 Structure of the Diagrams

The interaction conditions for biaxial bending are not as simply represented as for uniaxial bending if the stress resultants on the abscissa or on the ordinate are not represented non-dimensionally. However, one saves a great deal of calculation time by the use of the diagrams.

The right hand side of the diagrams for biaxial bending is similar to the representation of uniaxial bending. Two limiting shear forces, (QGR_z and QGR_y) are given for each curve. For the diagrams to be valid, the design value of Q_z and Q_y must not exceed QGR_z and QGR_y.

A new abscissa for M_z is introduced. The same number of curve sets are set out as section sizes considered in the same diagram. The matching of the individual curves to the relevant sections is obtained by the upper end point of the curves, the horizontal section of which intersects the M_y ordinate where the curves from the right hand side of the diagram join.

3.2 Application of the Diagrams

For biaxial bending a suitable section has to be estimated first from the magnitude of the stress resultants. This can easily be done, since the actual stress resultants are entered on the axes.

M_z is entered on the upper left hand abscissa. From here one projects down to intersect a curve which has originated at the ordinate value of the given M_y.

In der Regel muß man dabei linear zwischen den tatsächlich gezeichneten Kurven interpolieren. Vom so gefundenen Schnittpunkt ausgehend zeichnet man eine Horizontale, die zusammen mit einer vertikalen, von der vorhandenen Normalkraft ausgehenden Geraden einen Schnittpunkt in der rechten Diagrammhälfte liefert, der unter oder auf der Kurve des geschätzten Profils liegen muß, wenn der Querschnitt ausreichend bemessen sein soll.

Auch diese Diagramme sind für St 37 aufgestellt, aber genauso für andere Stahlsorten verwendbar, wenn man alle Schnittgrößen mit dem Verhältnis der Streckgrenzen multipliziert. Biegedrillknicken und Beulen sind zusätzlich zu untersuchen.

In general it will be necessary to linearly interpolate between the given curves. A horizontal line drawn from the above intersection will intersect in the right hand diagram a vertical line drawn at the position of the existing normal force. This final intersection point must lie below or on the curve of the chosen section if the section is adequately designed.

These diagrams have also been established for grade St 37 steel. They are applicable to other steels if the stress resultants are multiplied by the ratio of the elastic yield stresses. In addition lateral torsional buckling and local buckling must be considered.

3.3 Beispiele

Gesucht wird ein HE-B-Profil der Stahlsorte St 37, das für die folgenden Schnittgrößen unter Bemessungslasten ausreichend bemessen ist :

3.3 Example

An HE-B section in grade St 37 steel is sought which will be adequately designed for the following design loads.

$$M_y = 390 \text{ kNm}$$
$$M_z = 80 \text{ kNm}$$
$$Q_z = 135 \text{ kN}$$
$$Q_y = 75 \text{ kN}$$
$$N = 1000 \text{ kN}$$

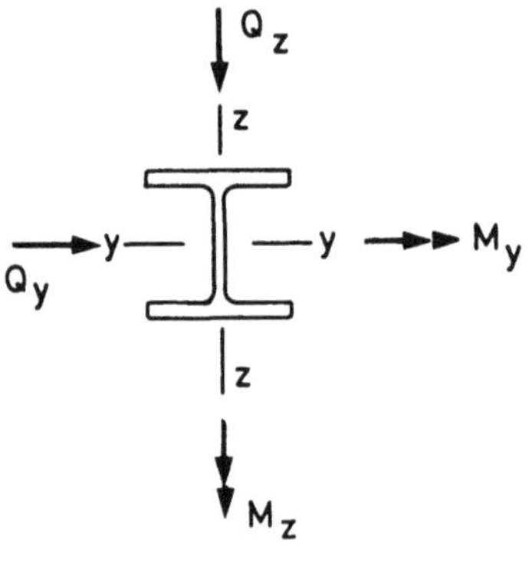

Das gewählte Profil HE-B 320 ist ausreichend bemessen, da der Schnittpunkt unterhalb der Kurve für dieses Profil liegt und die Querkräfte kleiner als die Grenzquerkräfte sind :

The selected HE-B 320 section is sufficiently proportioned since the point of intersection lies below the curve pertaining to this section and the shear forces do not exceed the limiting shear forces.

$$Q_z = 135 \text{ kN} < 159 \text{ kN} = QGR,_z$$
$$Q_y = 75 \text{ kN} < 426 \text{ kN} = QGR,_y$$

$$Q_z = 135 \text{ kN} < 159 \text{ kN} = QGR,_z$$
$$Q_y = 75 \text{ kN} < 426 \text{ kN} = QGR,_y$$

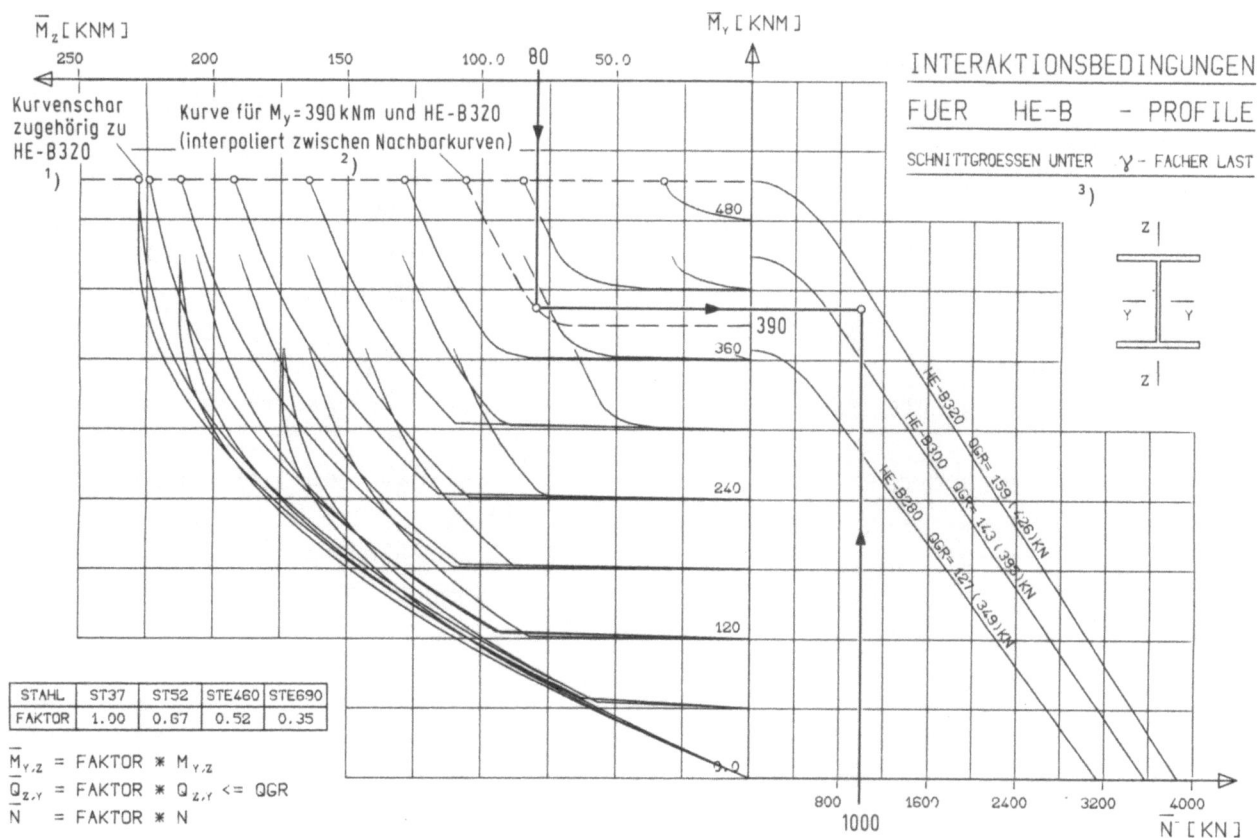

1) set of curves belonging to HE-B 320

2) curve for M_y = 390 kNm and HE-B 320 (Interpolation between the two adjacent curves)

3) Interaction conditions for HE-B-sections Stress resultants under γ-factored load

Literaturangaben

/1/ DIN 18800, Teil 2, "Knicken von Stäben und Stabwerken", Gelbdruck Dezember 1980

/2/ Beiblatt zu DIN 18800, Teil 2, Gelbdruck Dezember 1980

/3/ Jungbluth, O./Hiegele, E.L.: Programmbaustein "Vorberechnung, Bemessung und Standsicherheitsnachweis" im Gesamtprogrammsystem "Ganzheitlicher Rechnerunterstützter Ingenieurentwurf im Stahlgeschoßbau" mit Hilfe eines interaktiven Entwurfzentrums. Technische Hochschule Darmstadt Fachgebiet Stahlbau

References

/1/ DIN 18800, Part 2, "Knicken von Stäben und Stabwerken", Draft December 1980

/2/ Appendix to DIN 18800, Part 2 Draft December 1980

/3/ Jungbluth, O./Hiegele, E.L.: Program "Vorberechnung, Bemessung und Standsicherheitsnachweis" in the total program "Ganzheitlicher rechnerunterstützter Ingenieurentwurf im Stahlgeschoßbau", with the assistence of an interactive design centre. TH Darmstadt Fachgebiet Stahlbau

/4/ Deutscher Ausschuß für Stahlbau:
Berichte aus Forschung und Entwicklung, Heft 7/1979,
"Beiträge zur Normung",
"Hochfeste Baustähle und Stabilität
von Stahlbauteilen"

/5/ Vogel, U./Lindner, J.:
Berichte aus Forschung und Entwicklung, Heft 11/1981,
Kommentar zu DIN 18800, Teil 2
(Gelbdruck)
- Stabilitätsfälle im Stahlbau -;
Knicken von Stäben und Stabwerken

/4/ Deutscher Ausschuß für Stahlbau:
Reports from Research and
Development (Berichte aus Forschung und Entwicklung),
Vol. 7/1979
"Beiträge zur Normung",
"Hochfeste Baustähle und Stabilität
von Stahlbauteilen"

/5/ Vogel, U./Lindner, J.:
Berichte aus Forschung und Entwicklung,
Vol. 11/1981,
Commentary to DIN 18800, Part 2
(Draft)
- Stabilitätsfälle im Stahlbau -;
Knicken von Stäben und Stabwerken

Verzeichnis der Bemessungsdiagramme

Einachsige Biegung:

I-Profile

Biegung um die starke Achse

I -Profile	1-3
IPE -Profile	4-5
IPEO -Profile	6-8
IPEV -Profile	9
HE-A -Profile	10-12
HE-B -Profile	13-15
HE-M -Profile	16-18

Biegung um die schwache Achse

I -Profile	19-21
IPE -Profile	22-23
IPEO -Profile	24-26
IPEV -Profile	27
HE-A -Profile	28-30
HE-B -Profile	31-33
HE-M -Profile	34-36

Register of Design Diagrams

Uniaxial Bending:

I-Sections

Bending about the major axis

I -sections	1-3
IPE -sections	4-5
IPEO -sections	6-8
IPEV -sections	9
HE-A -sections	10-12
HE-B -sections	13-15
HE-M -sections	16-18

Bending about the minor axis

I -sections	19-21
IPE -sections	22-23
IPEO -sections	24-26
IPEV -sections	27
HE-A -sections	28-30
HE-B -sections	31-33
HE-M -sections	34-36

Hohlprofile			Hollow Sections	
Quadrat - Hohlprofile	37-42		Square hollow sections	37-42
Rechteck - Hohlprofile			Rectangular hollow sections	
Biegung um die starke Achse	43-47		Bending about the major axis	43-47
Biegung um die schwache Achse	48-52		Bending about the minor axis	48-52
Kreis - Hohlprofile	53-61		Circular hollow sections	53-61
Zweiachsige Biegung :			Biaxial Bending:	
I - Profile			I-Sections	
I -Profile	62-69		I -sections	62-69
IPE -Profile	70-75		IPE -sections	70-75
IPEO -Profile	76-80		IPEO-sections	76-80
IPEV -Profile	81-82		IPEV-sections	81-82
HE-A -Profile	83-90		HE-A-sections	83-90
HE-B -Profile	91-98		HE-B-sections	91-98
HE-M -Profile	99-106		HE-M-sections	99-106
Hohlprofile			Hollow Sections	
Quadrat - Hohlprofile	107-118		Square hollow sections	107-118
Rechteck - Hohlprofile	119-134		Rectangular hollow sections	119-134

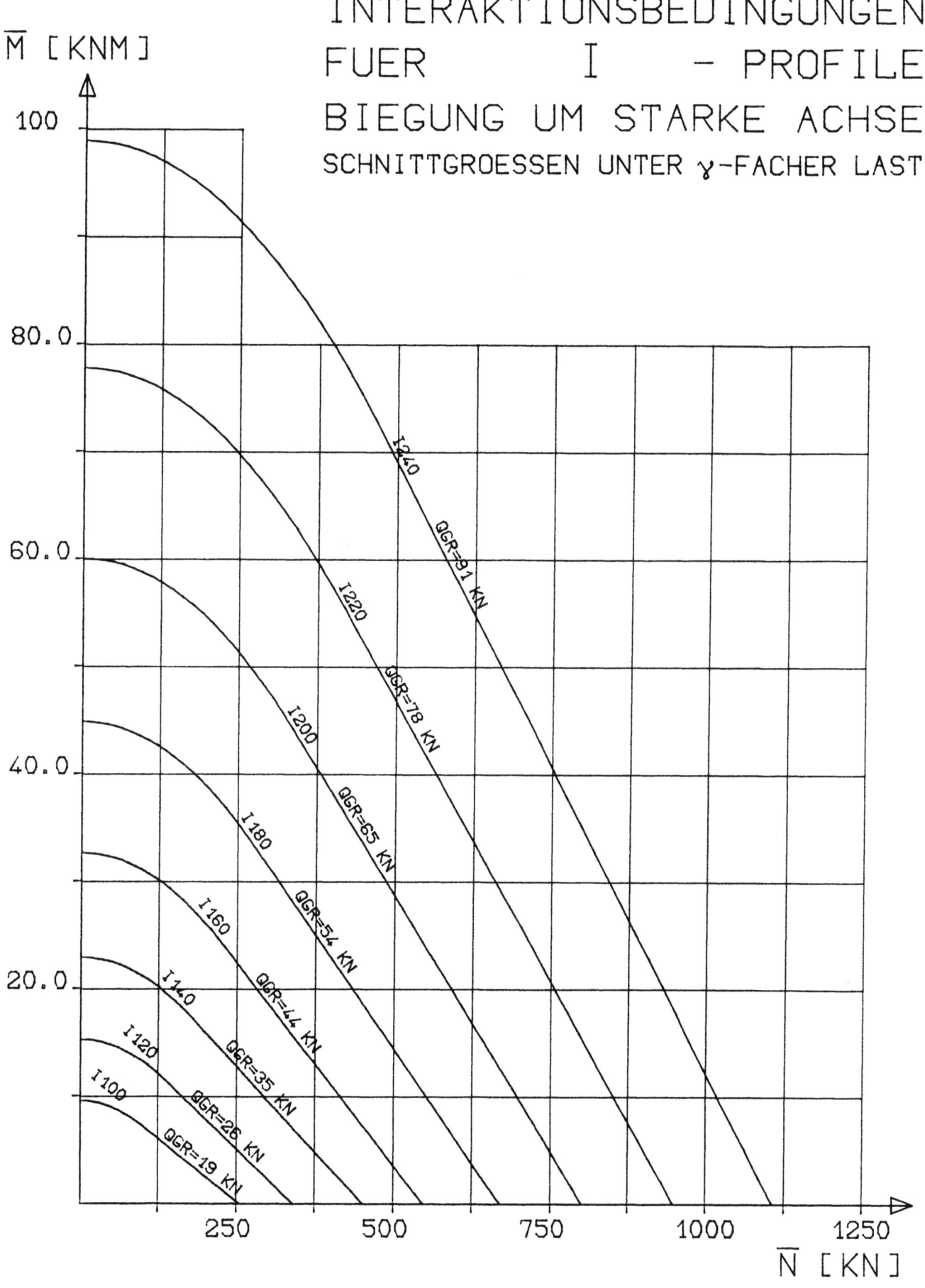

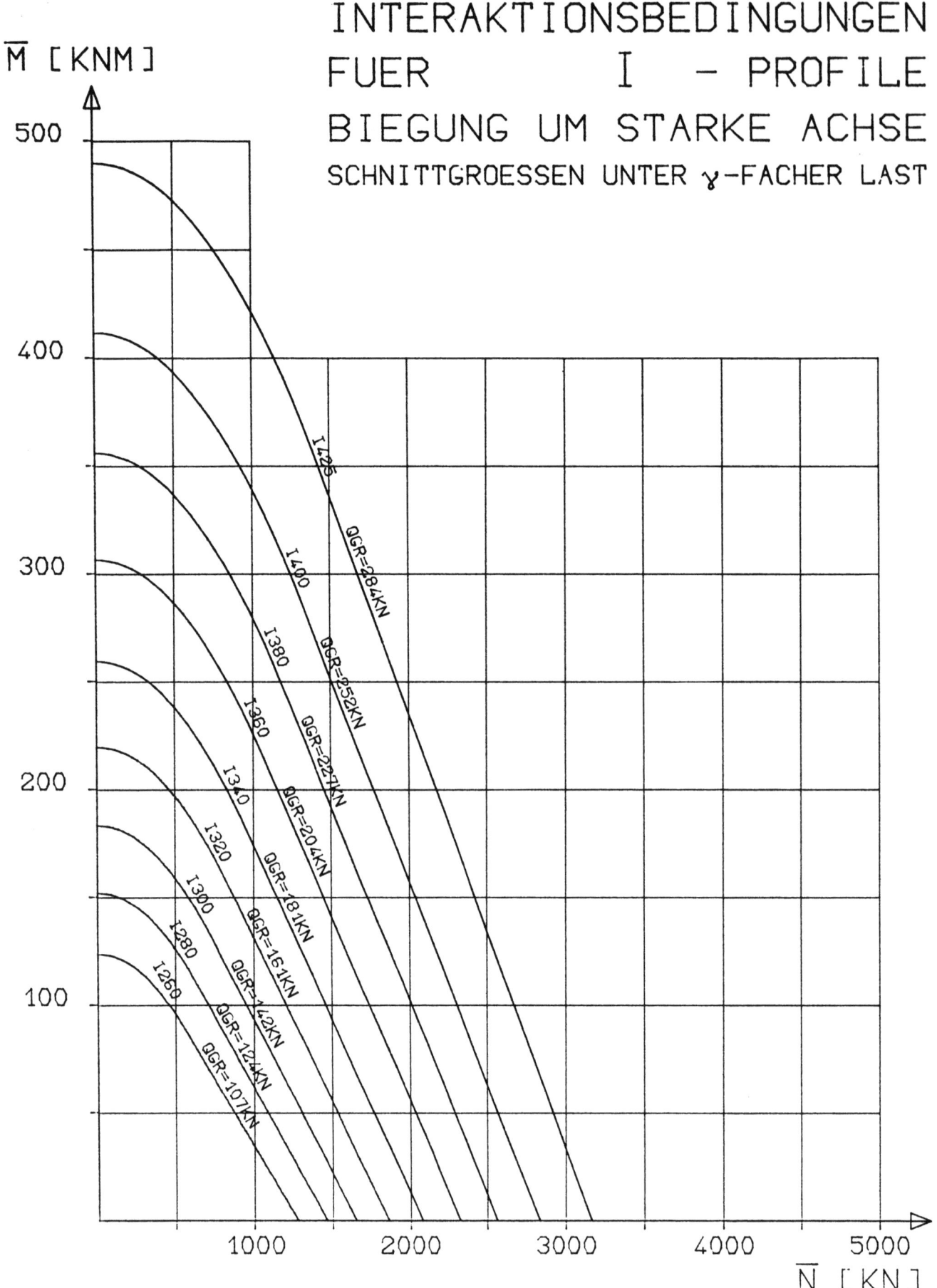

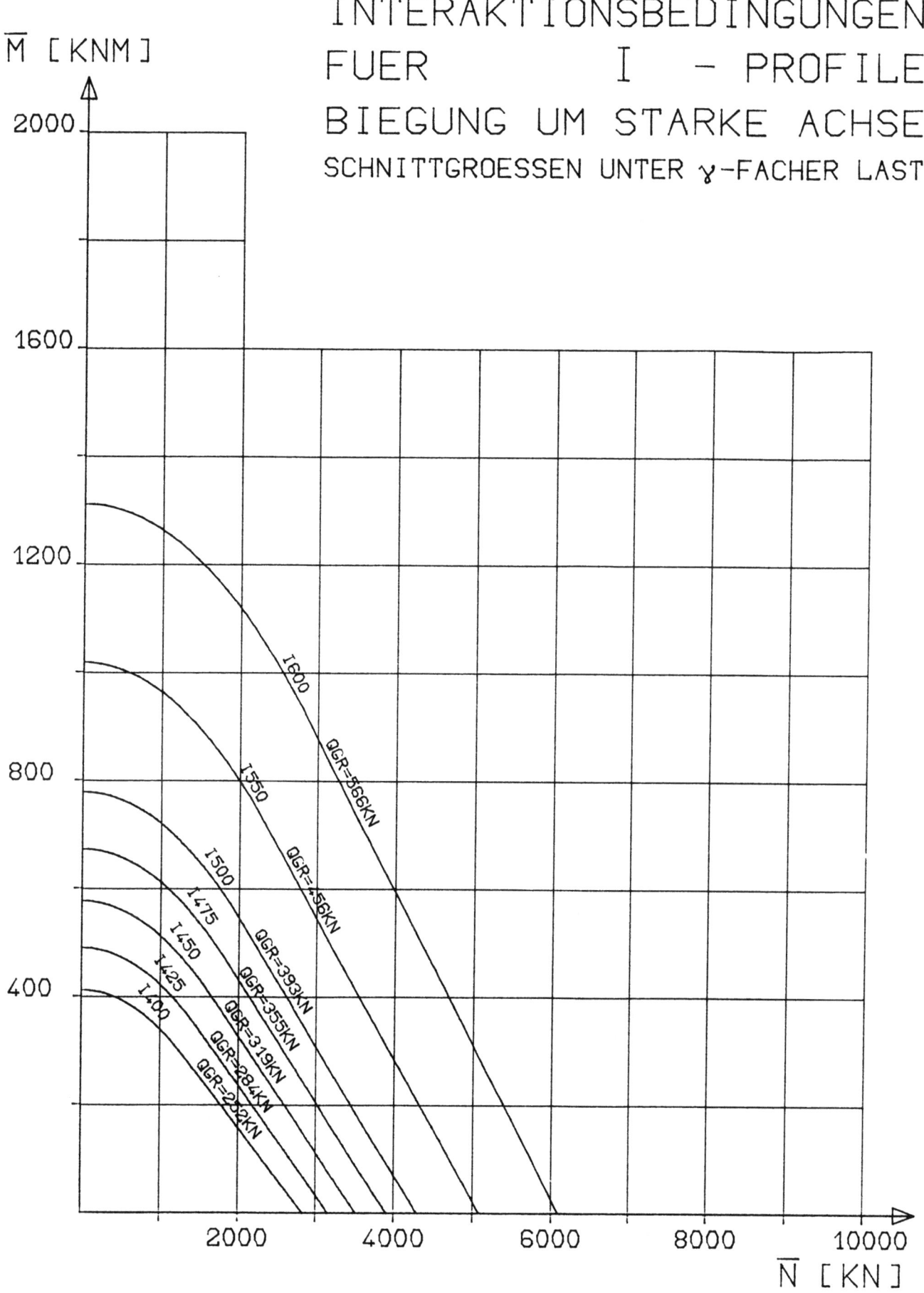

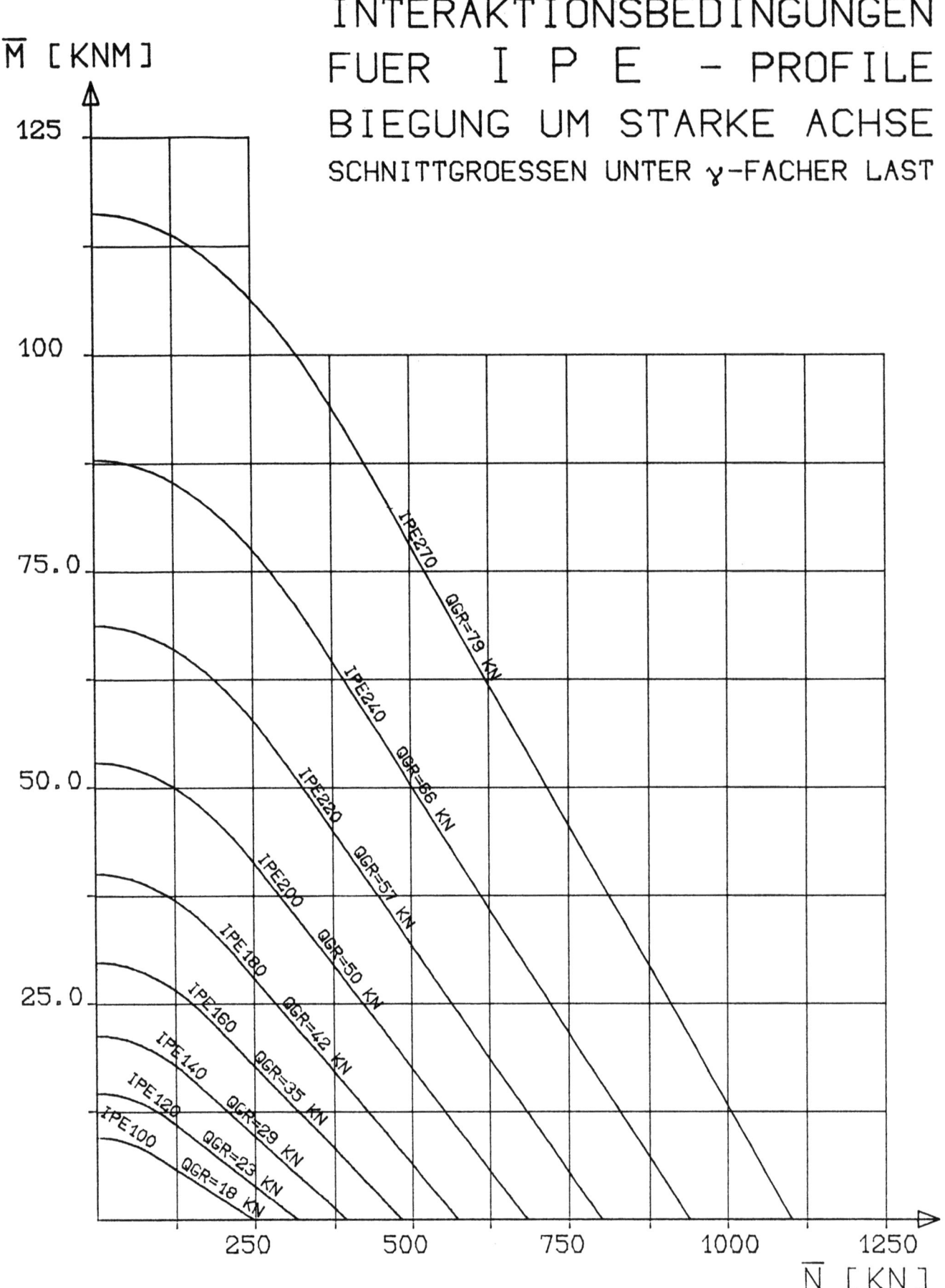

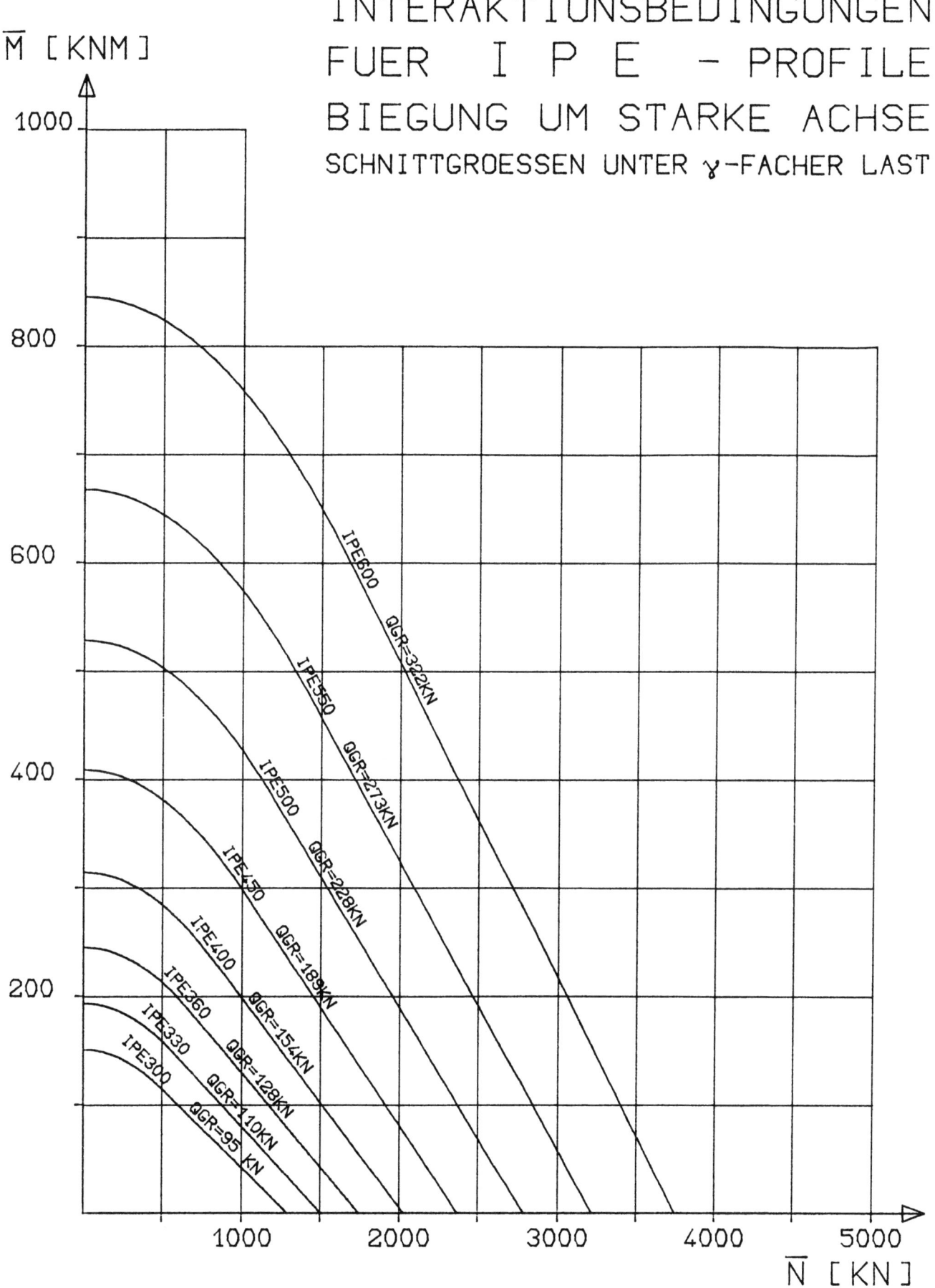

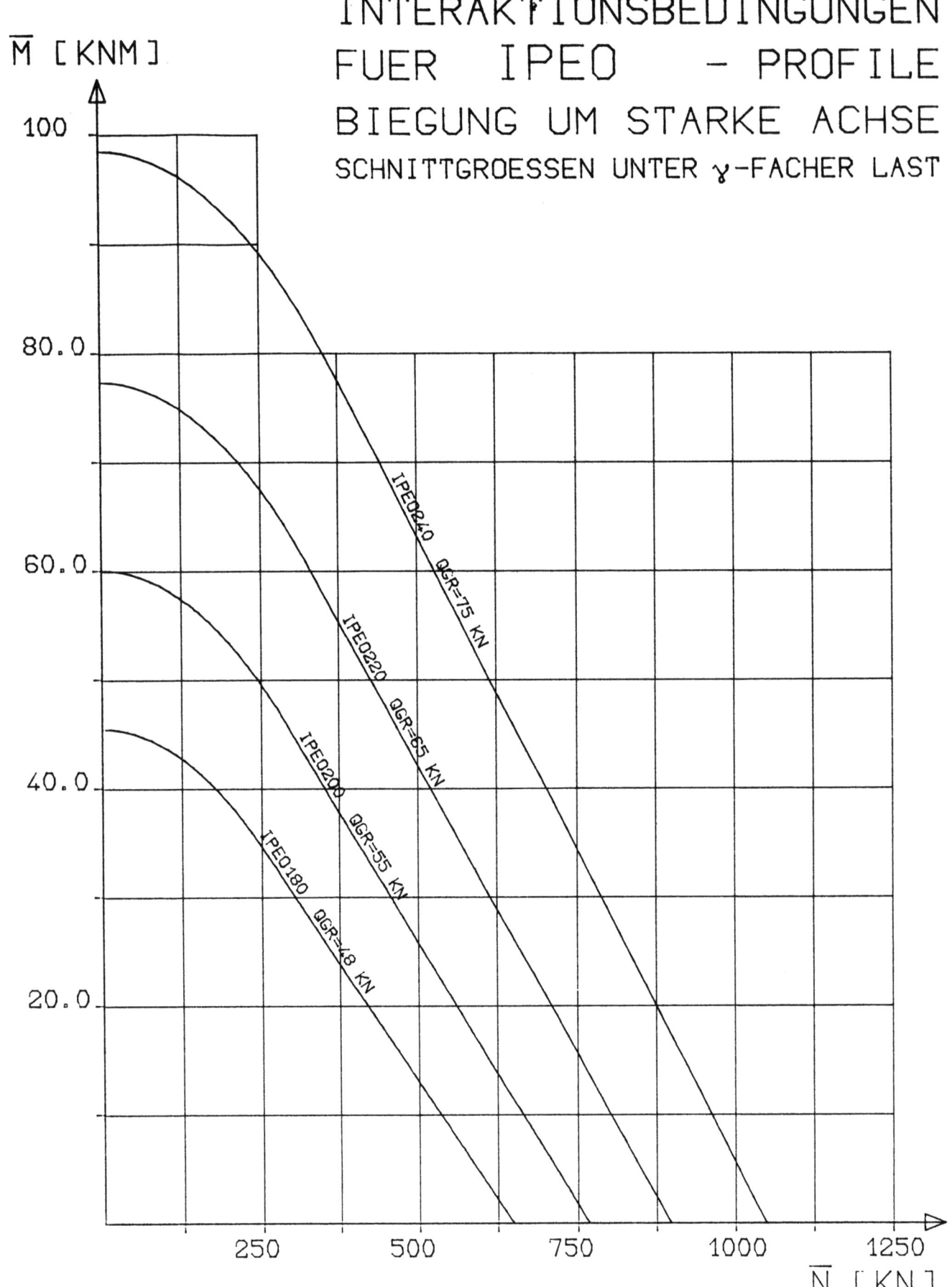

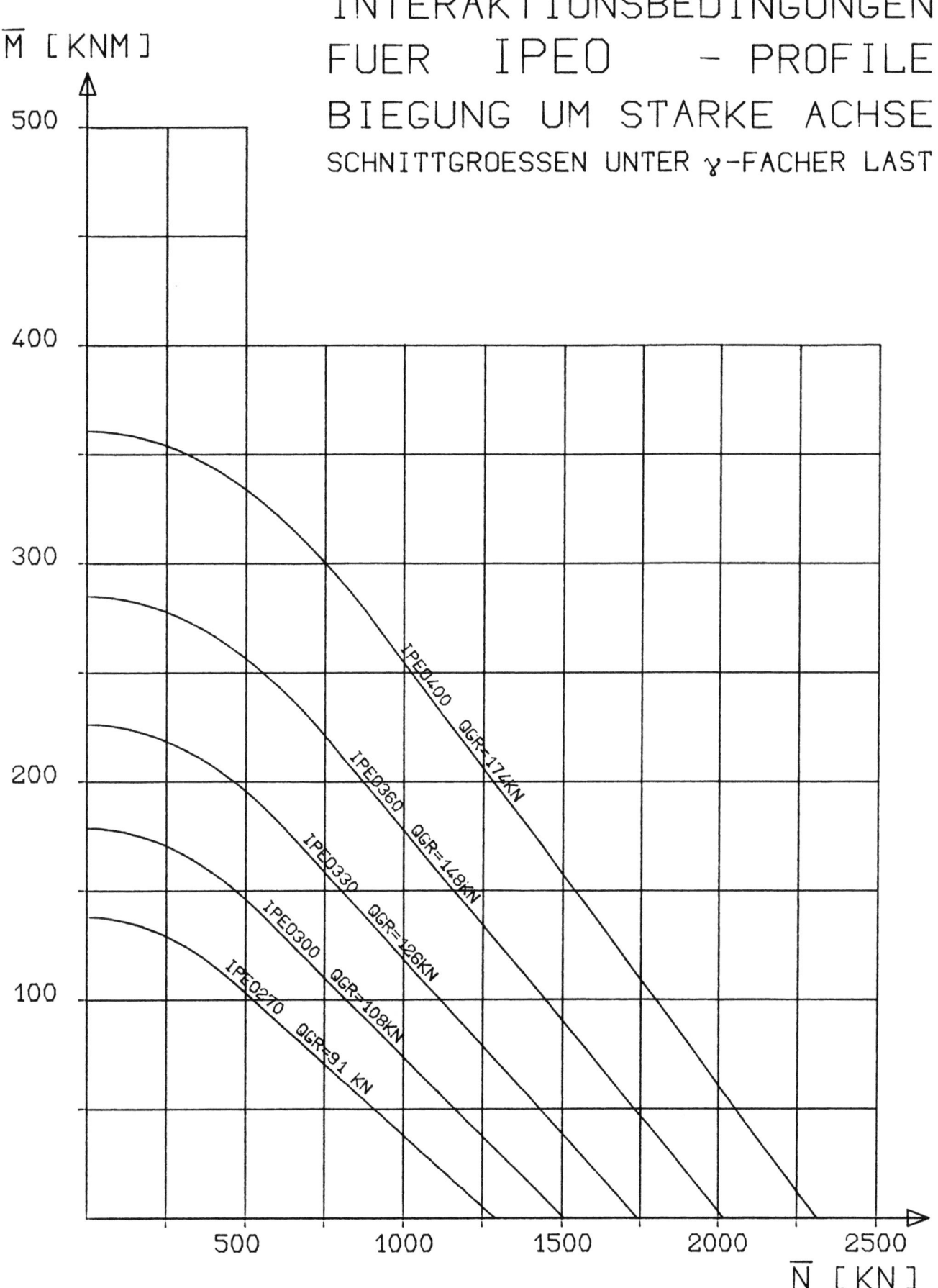

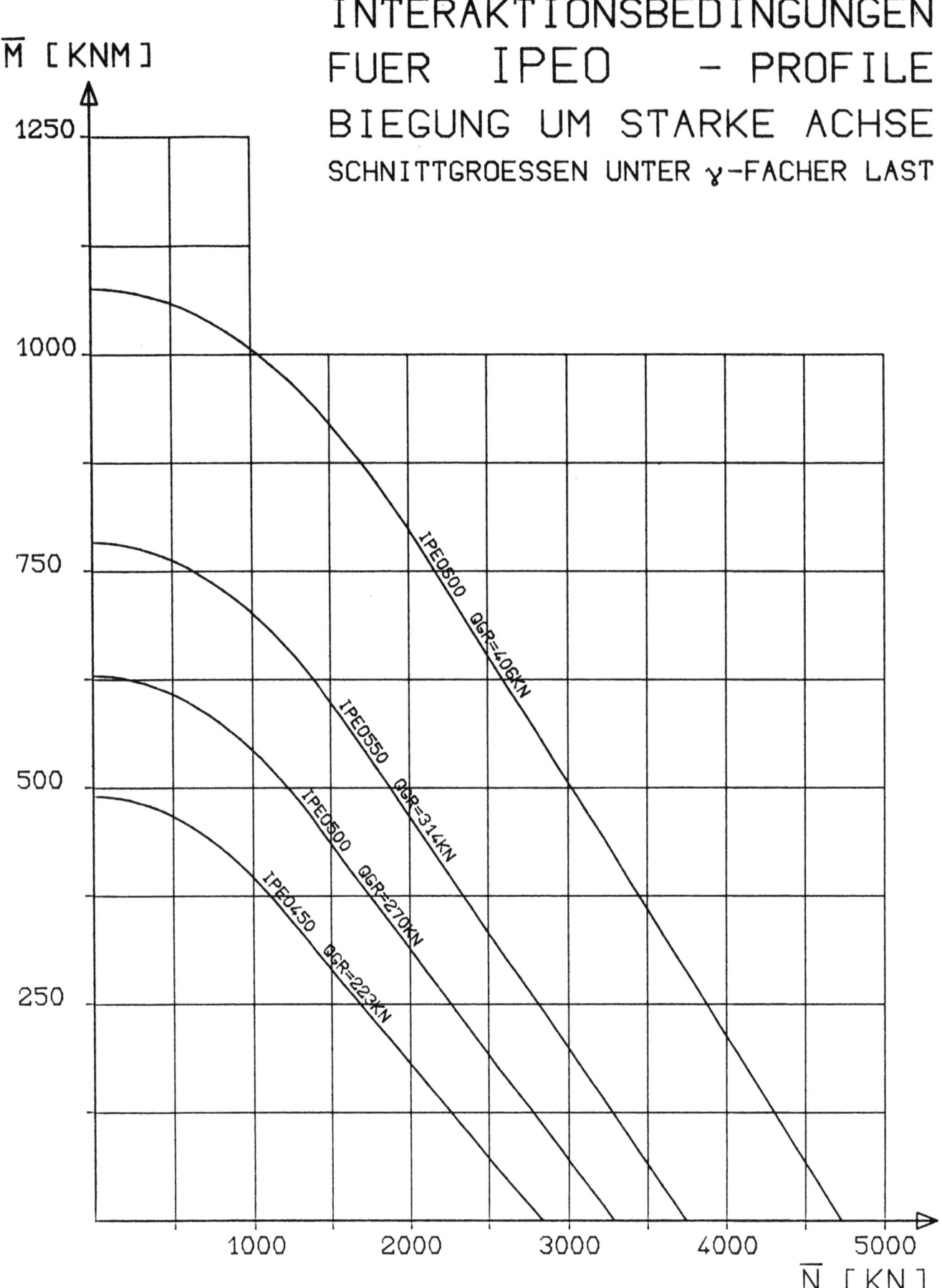

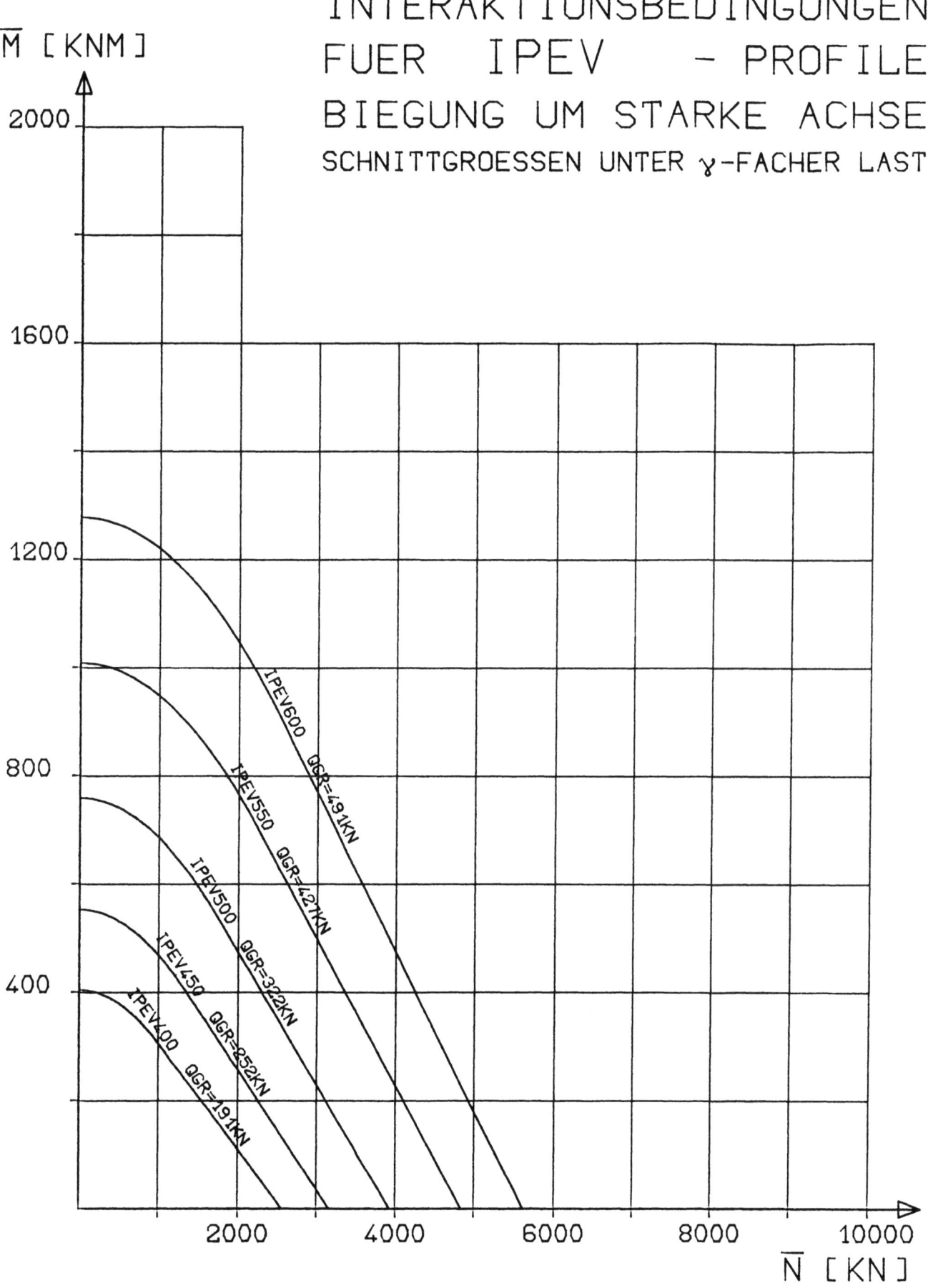

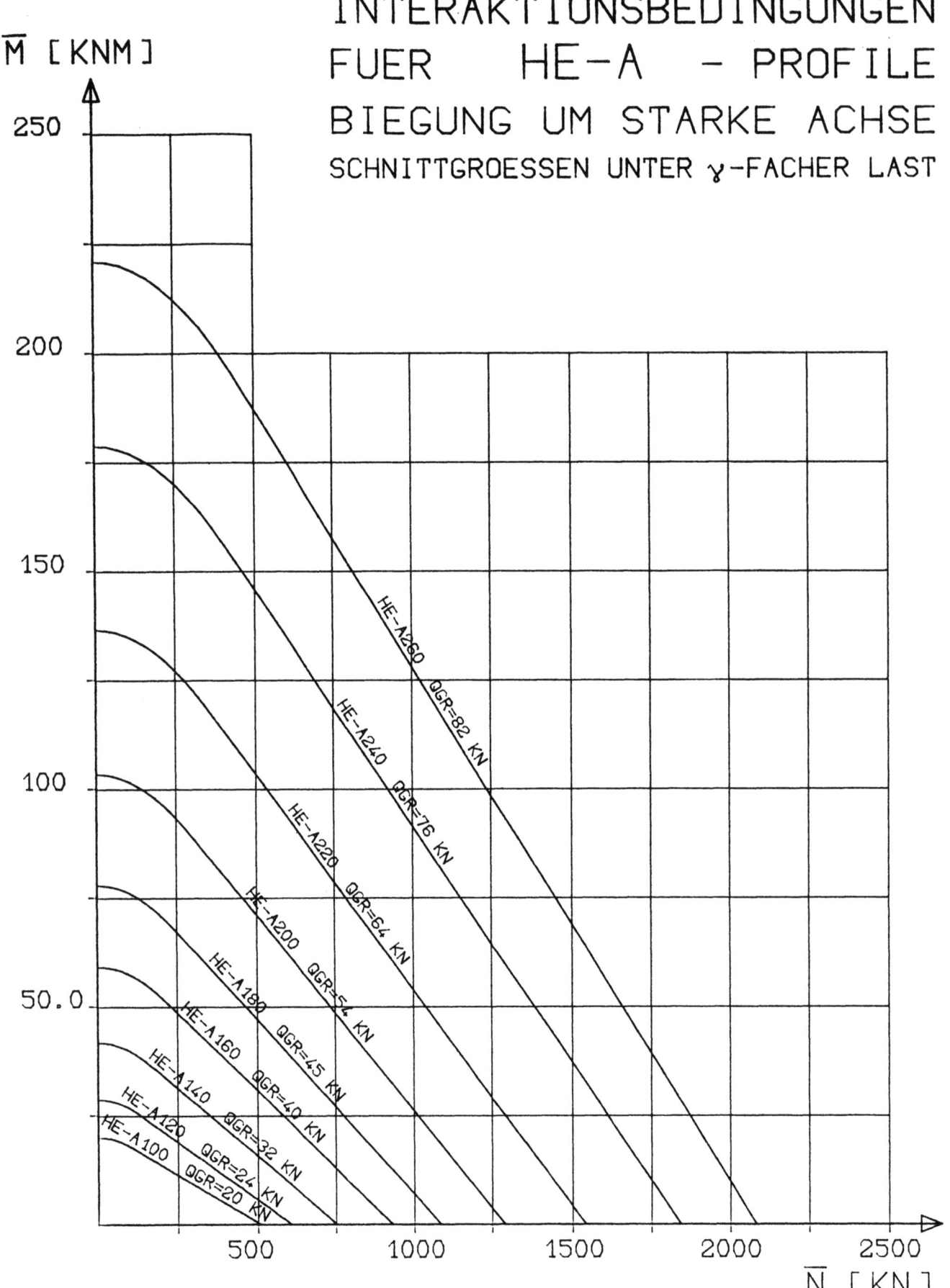

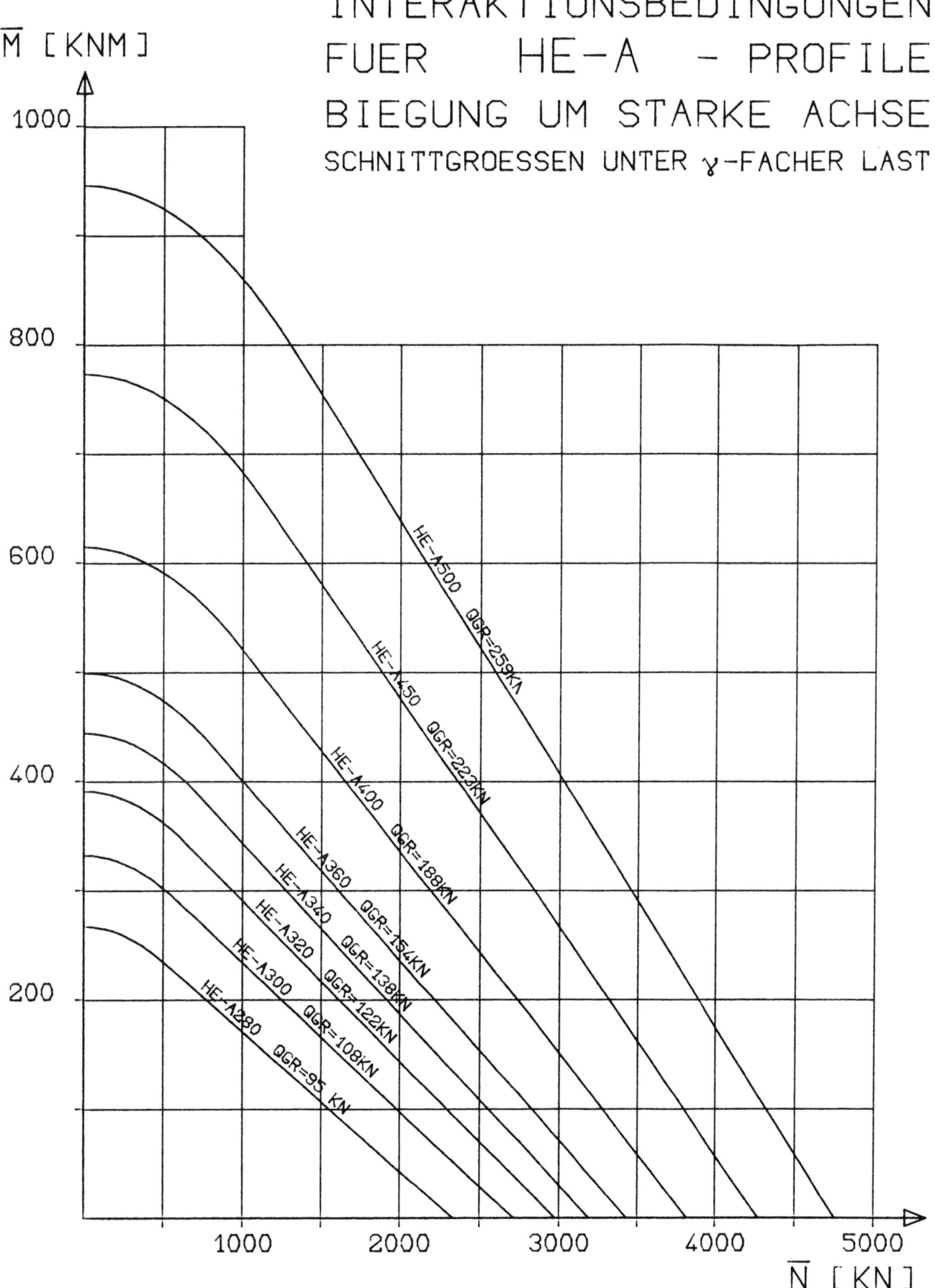

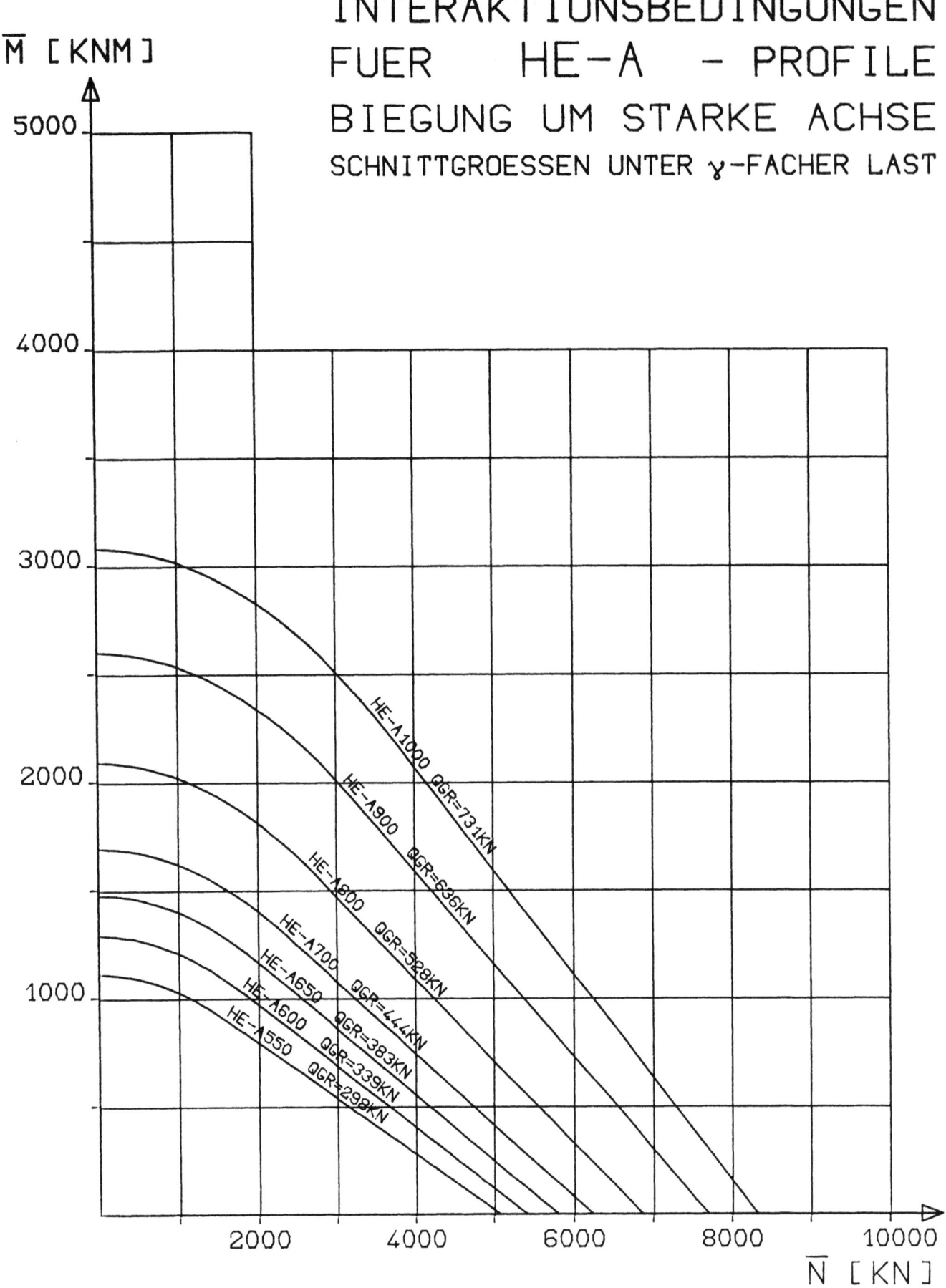

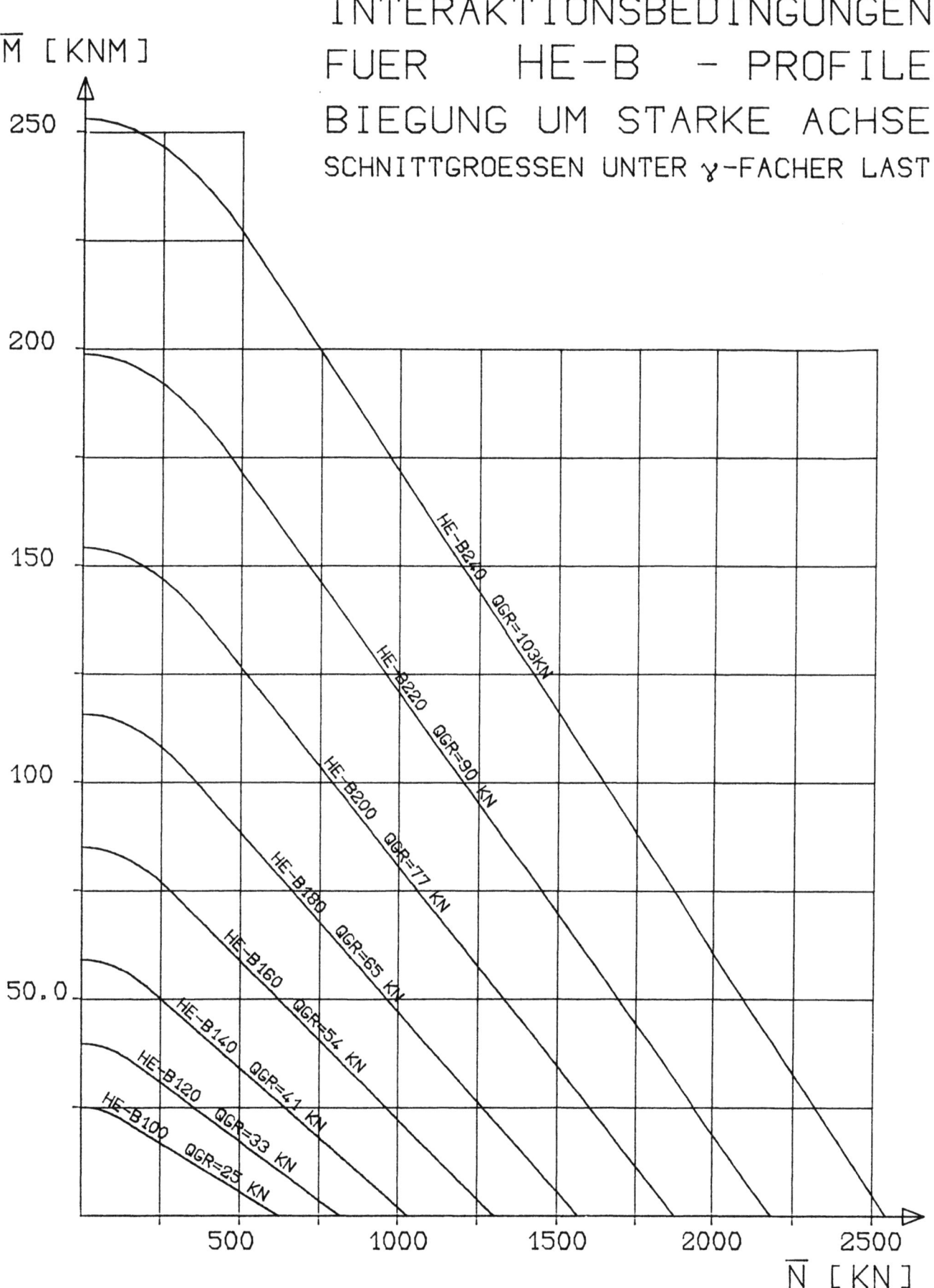

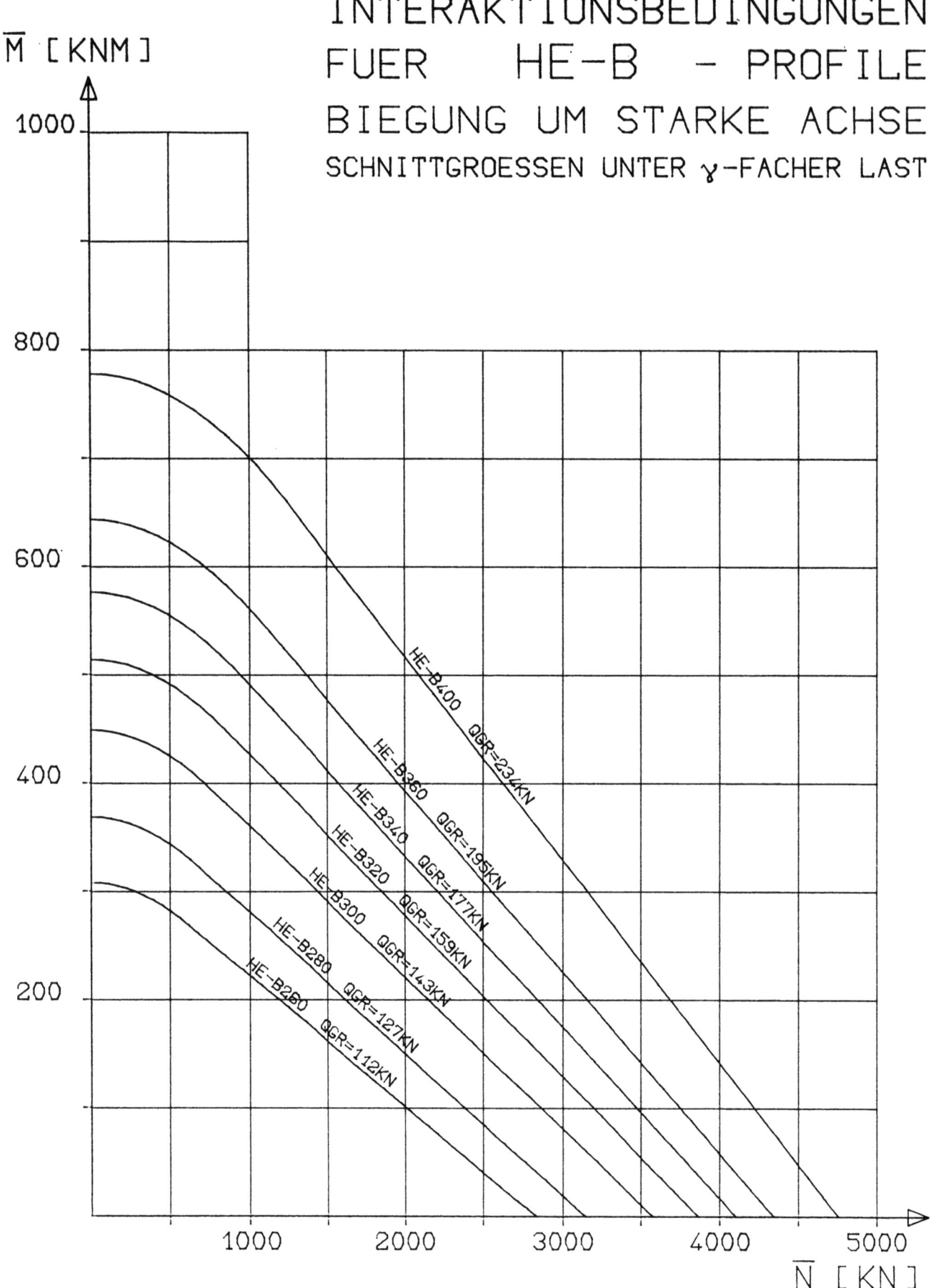

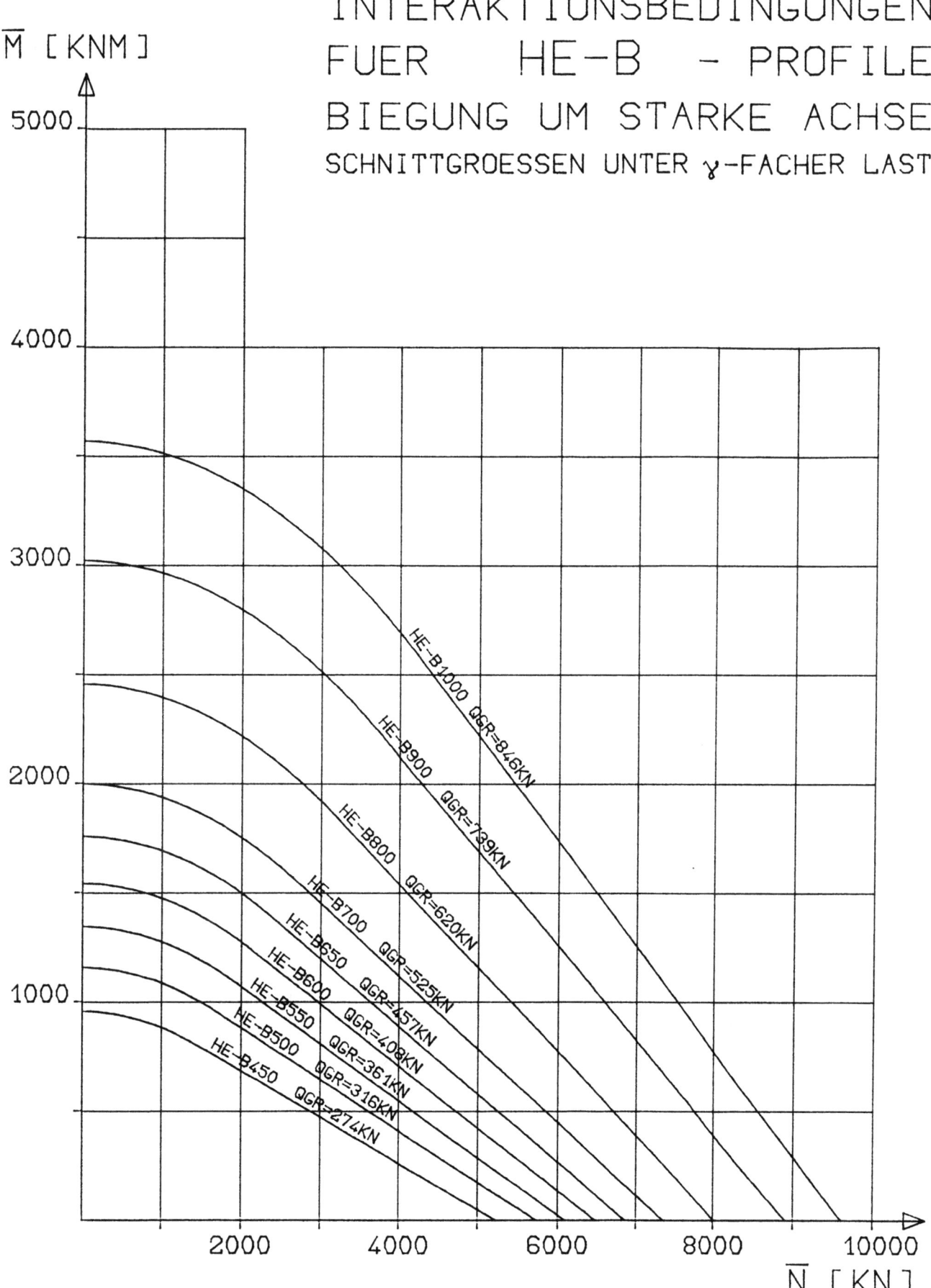

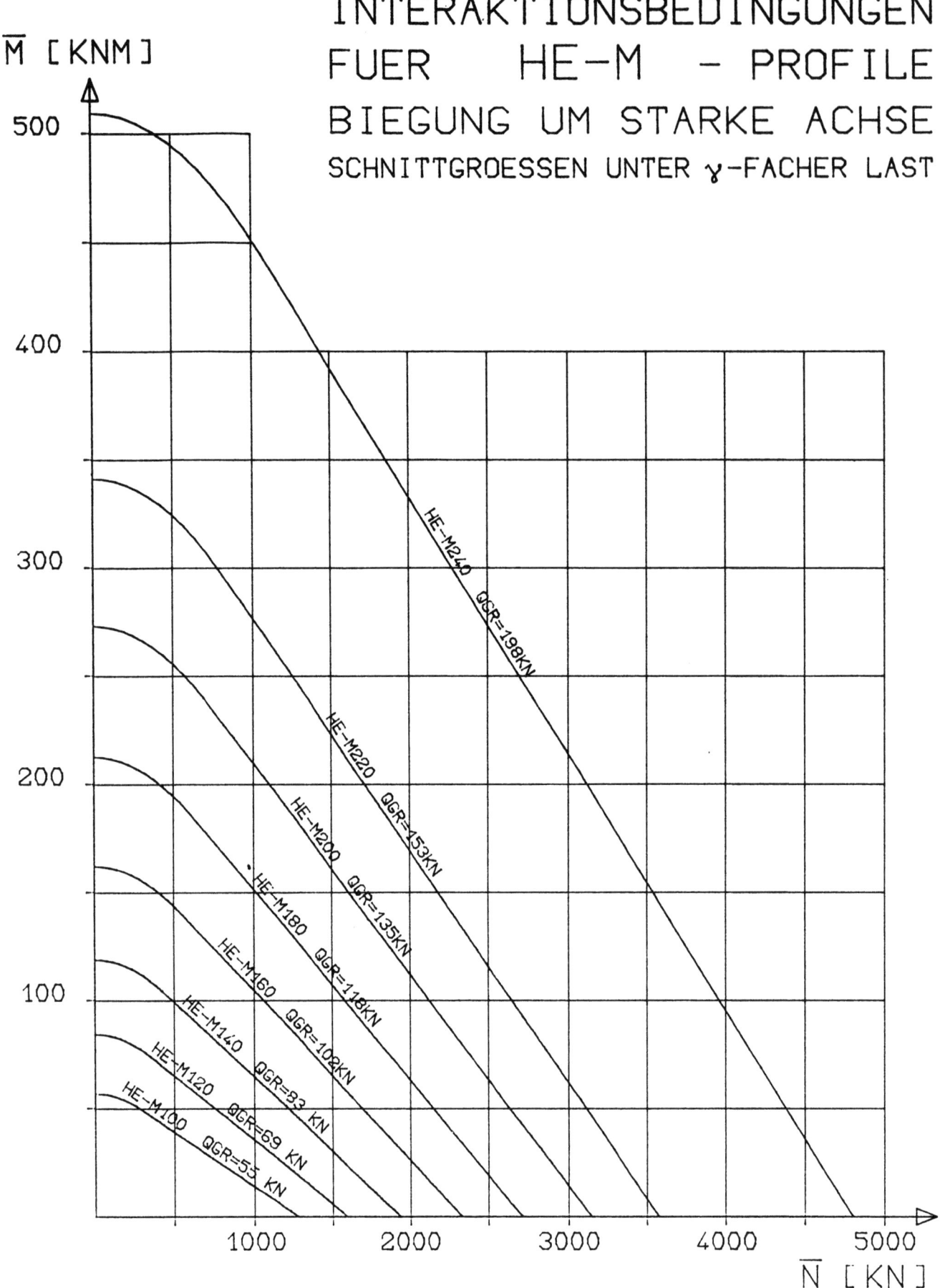

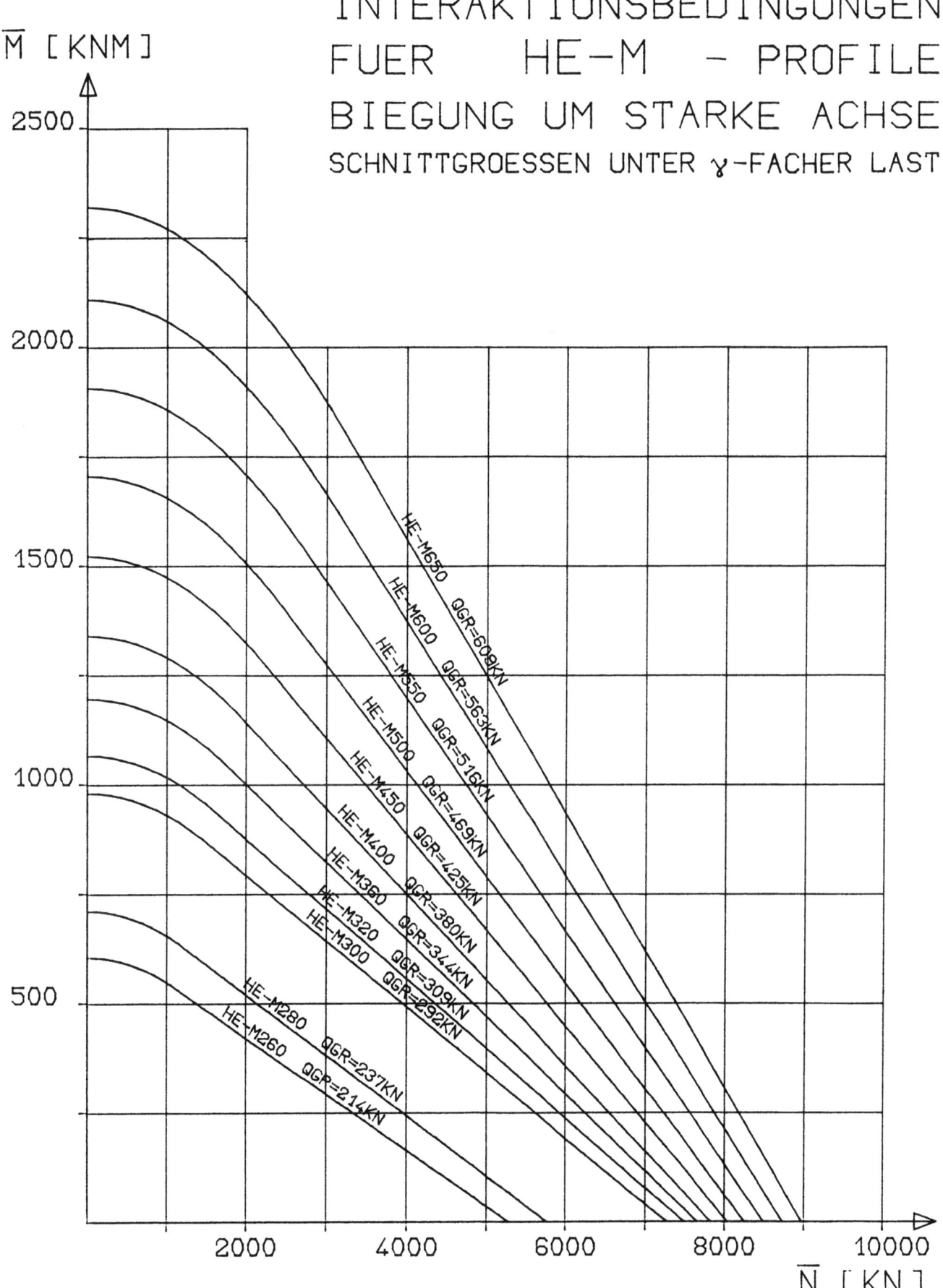

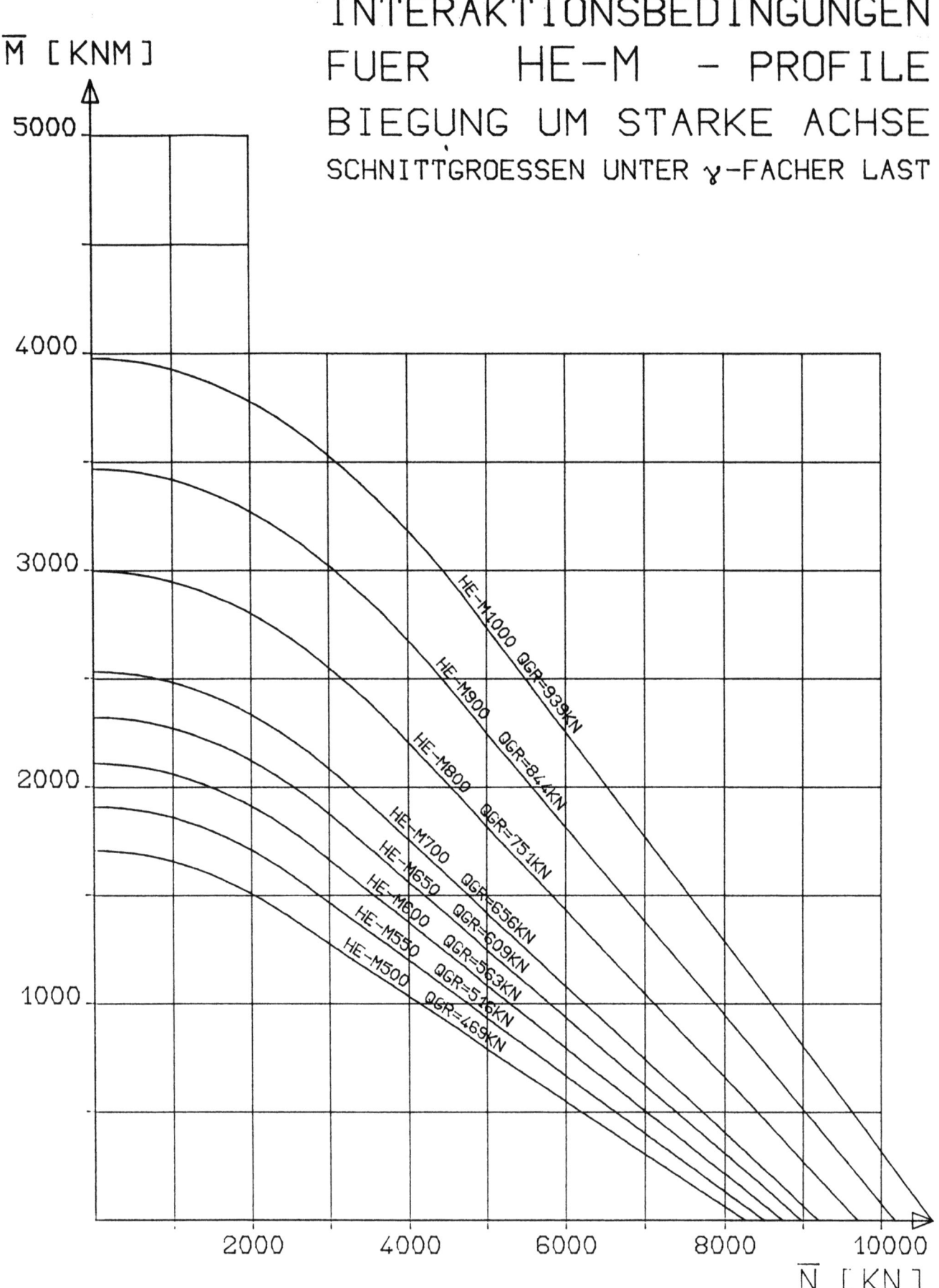

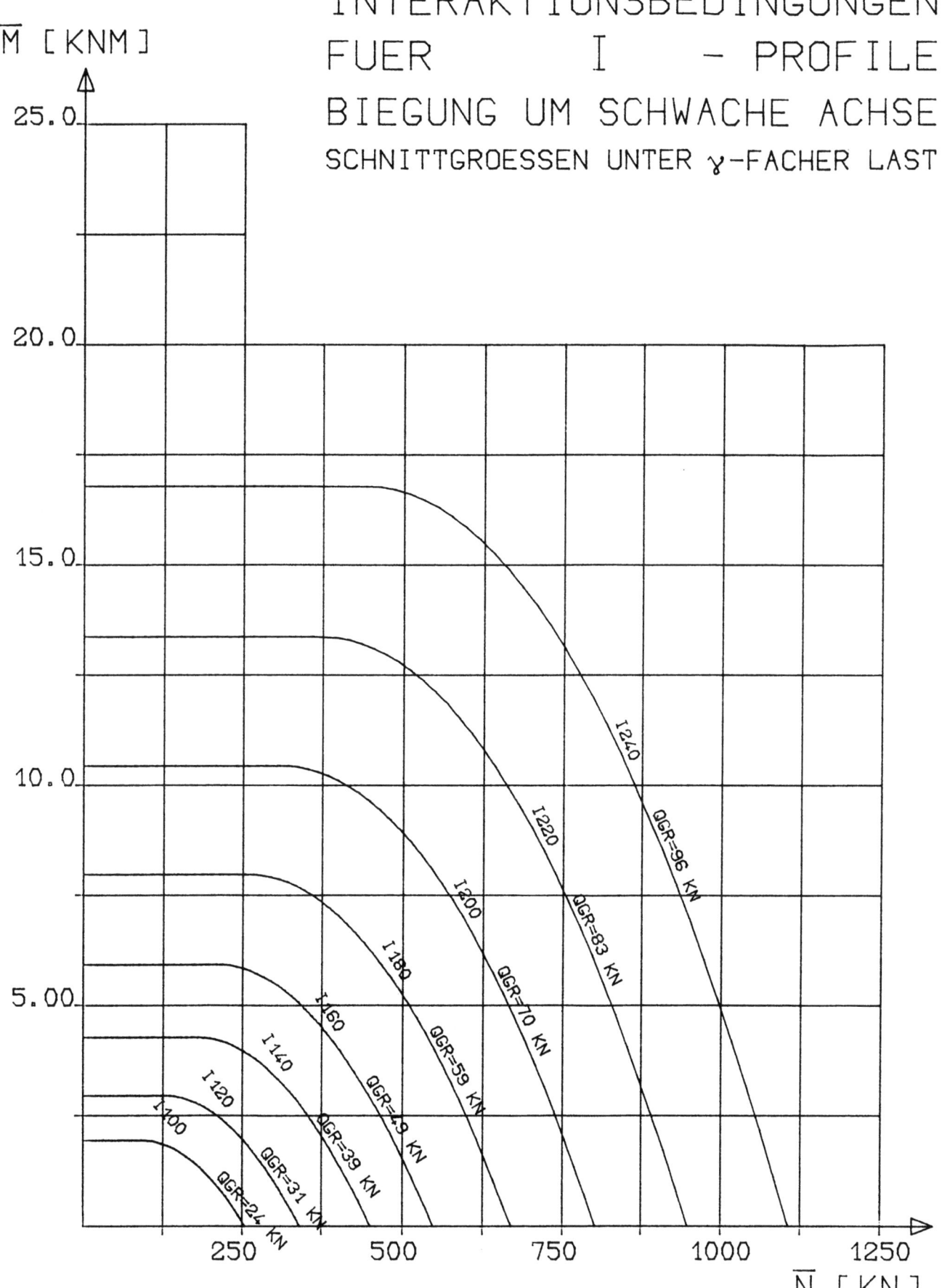

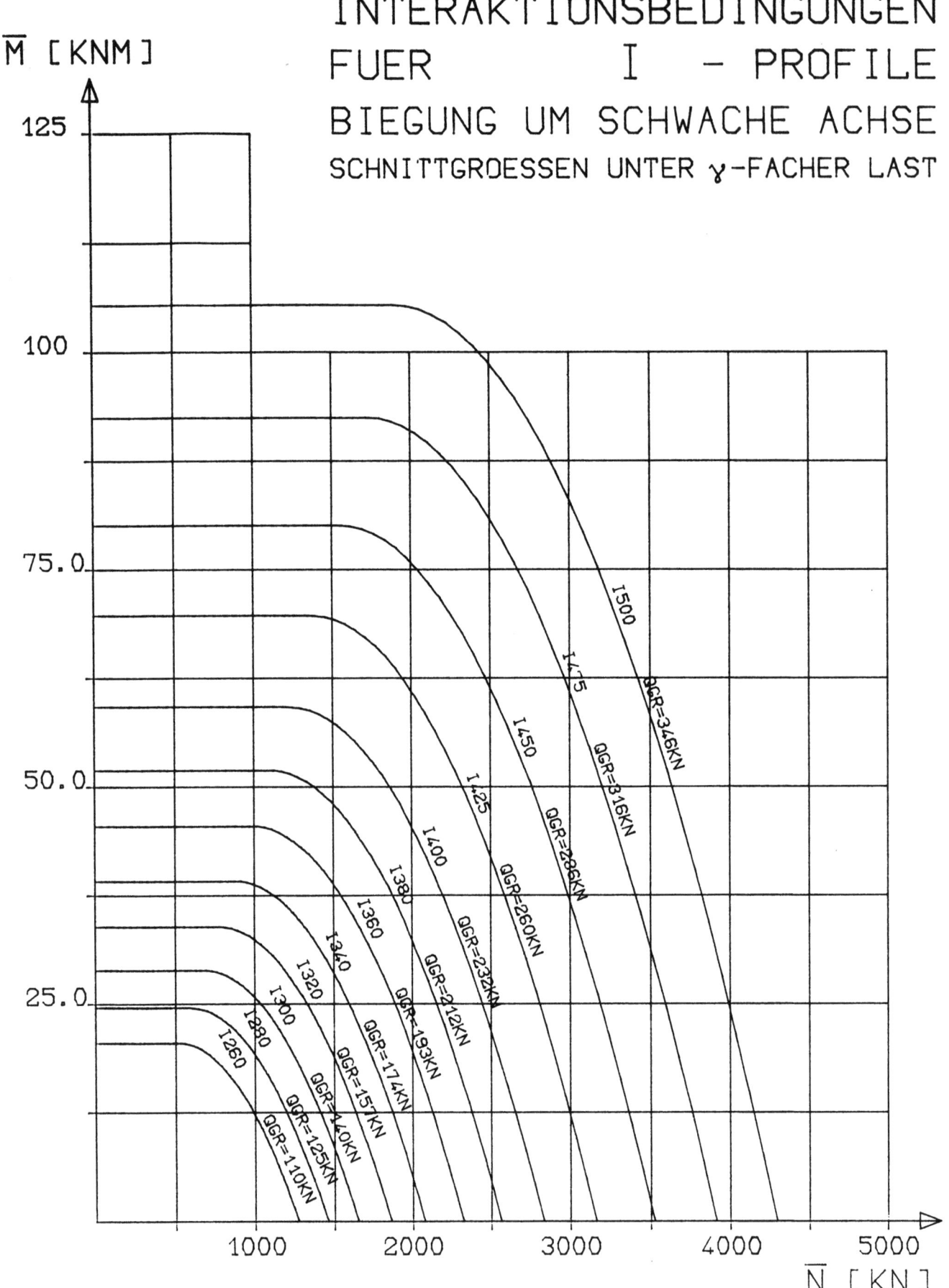

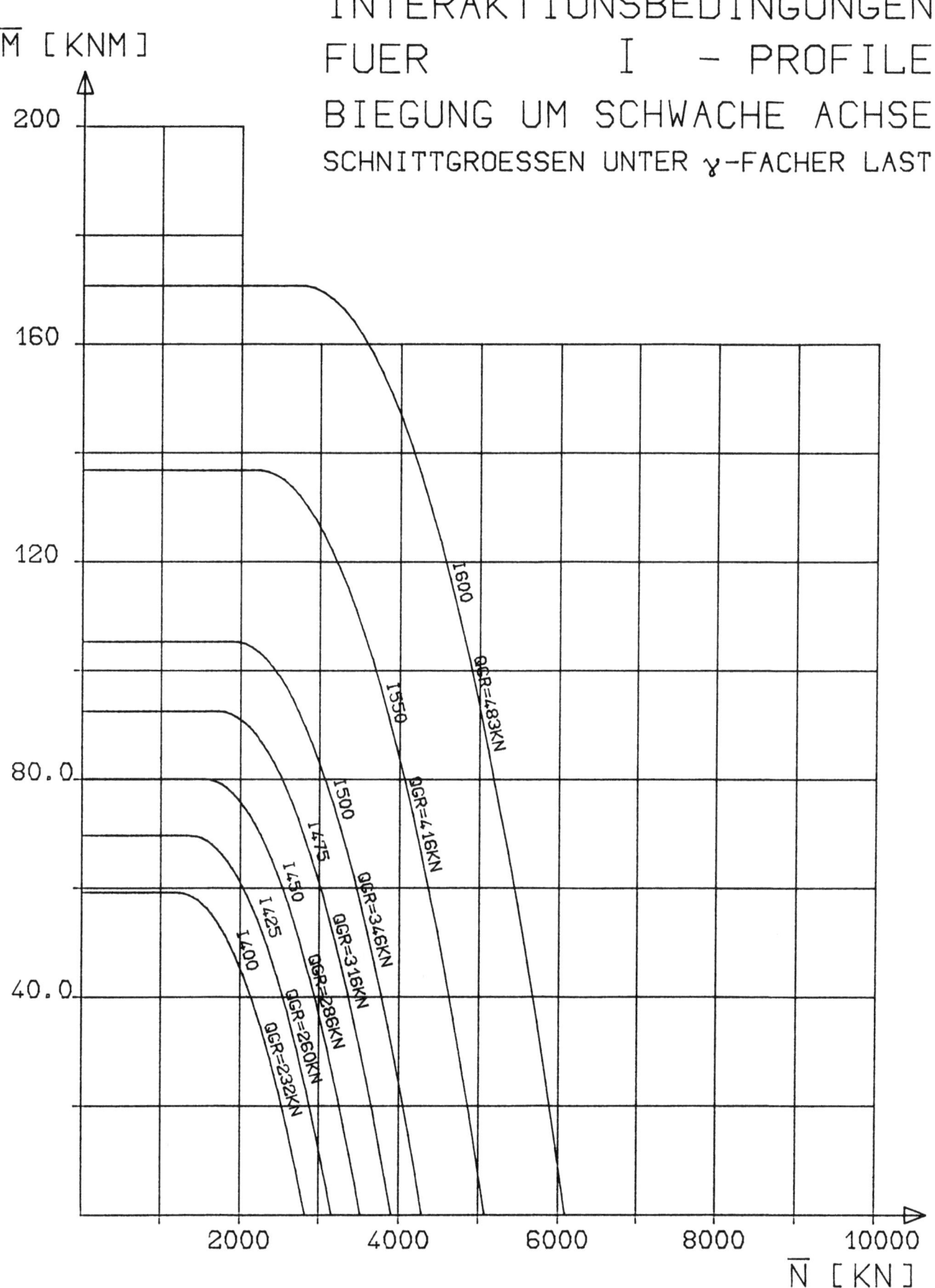

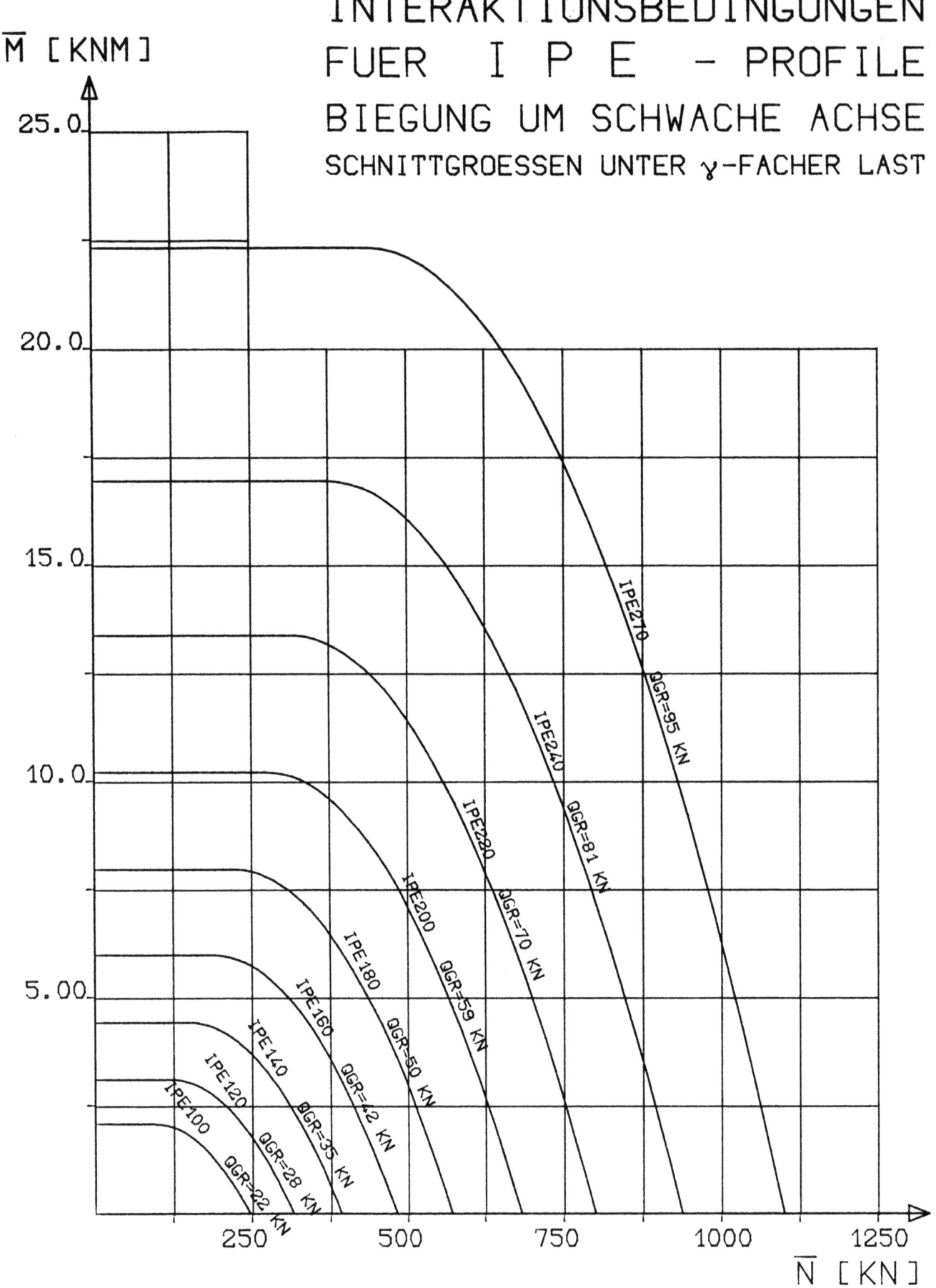

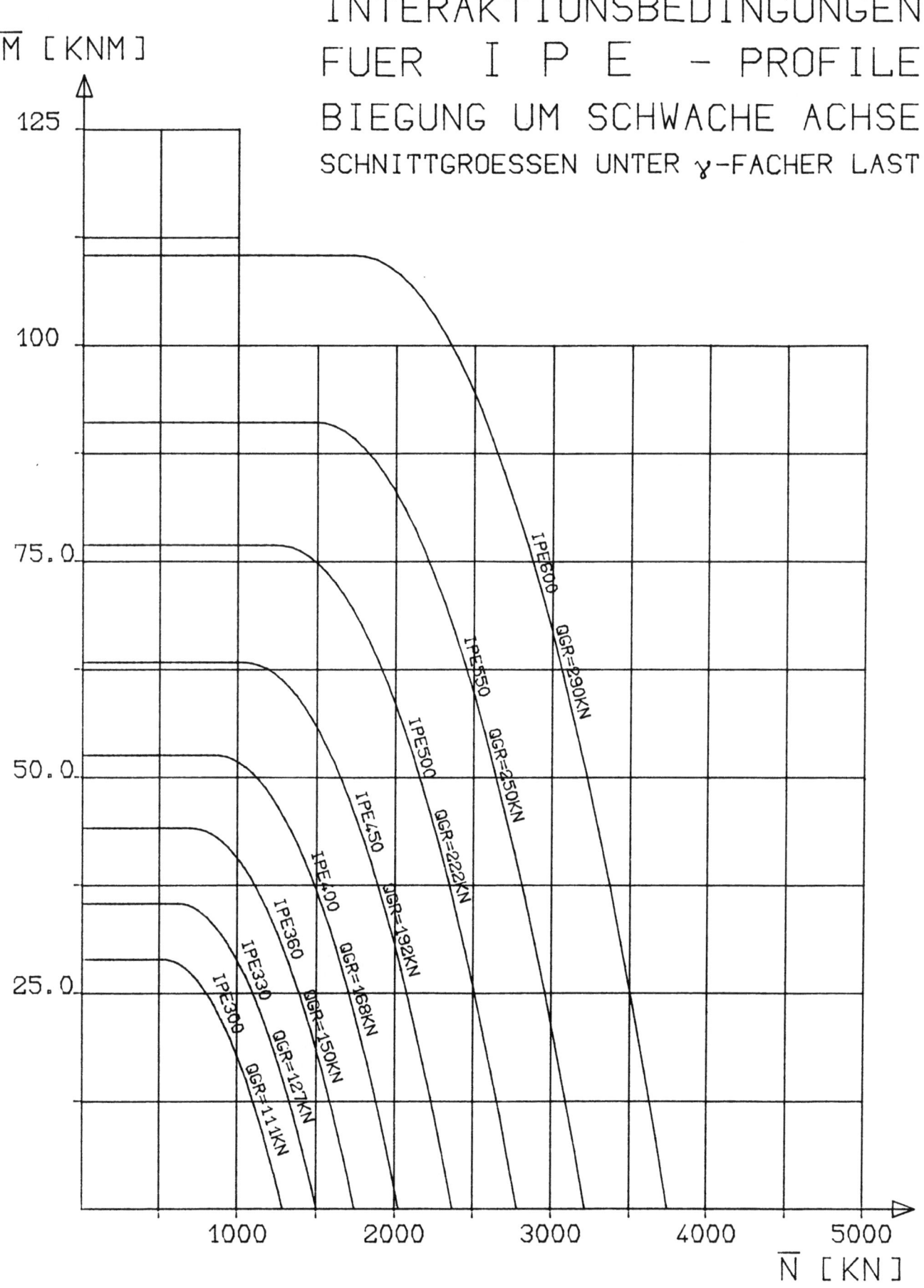

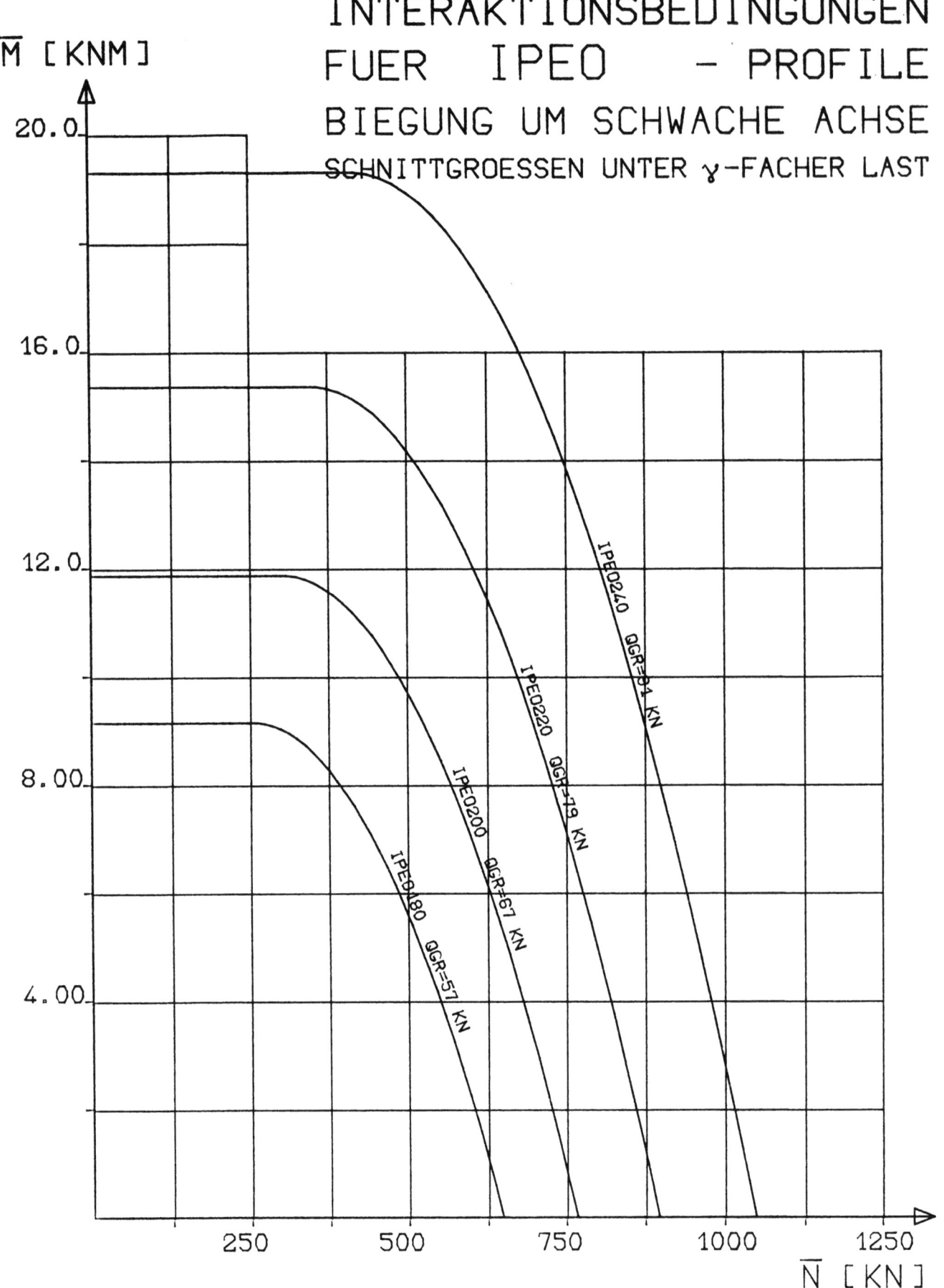

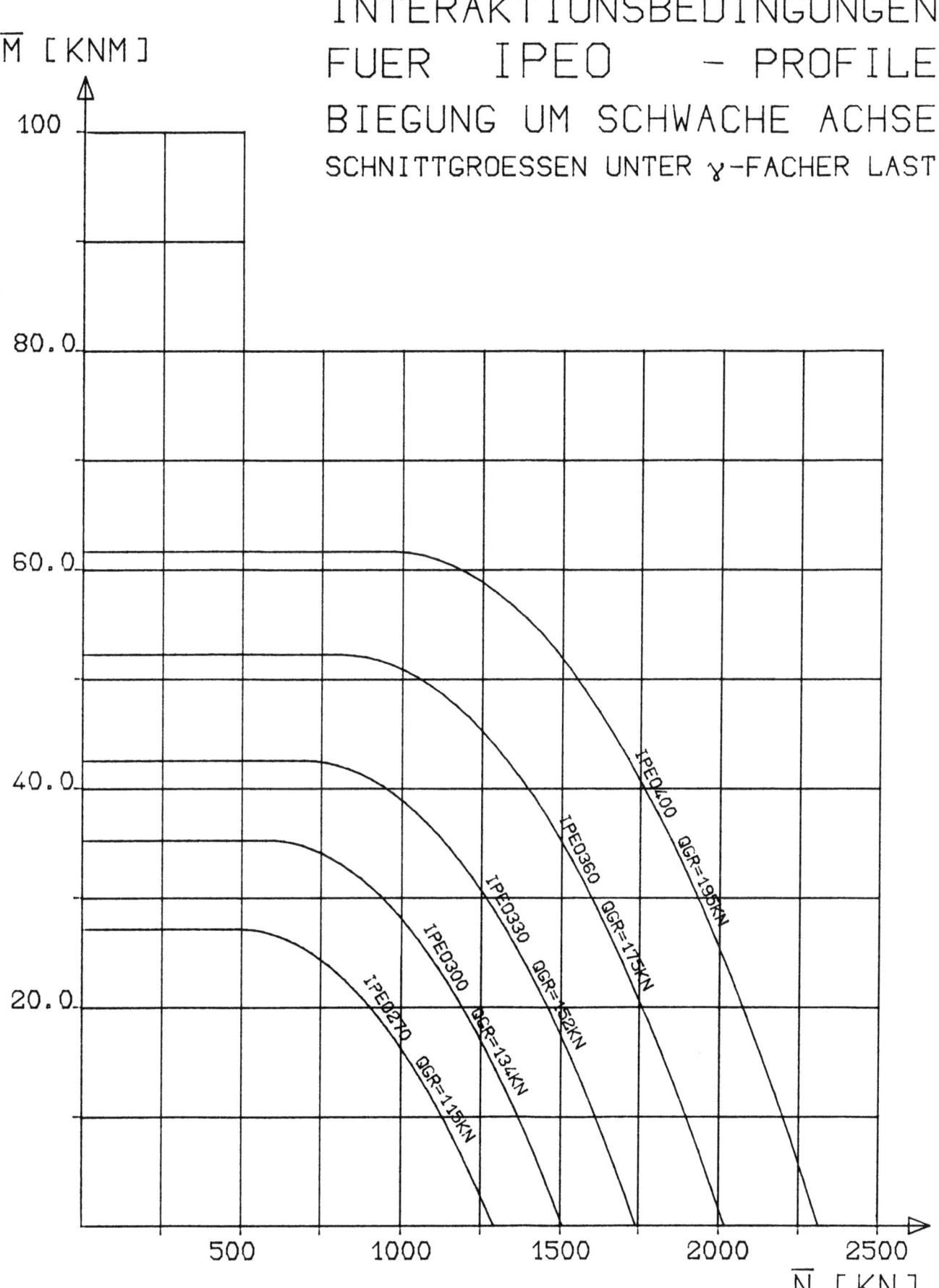

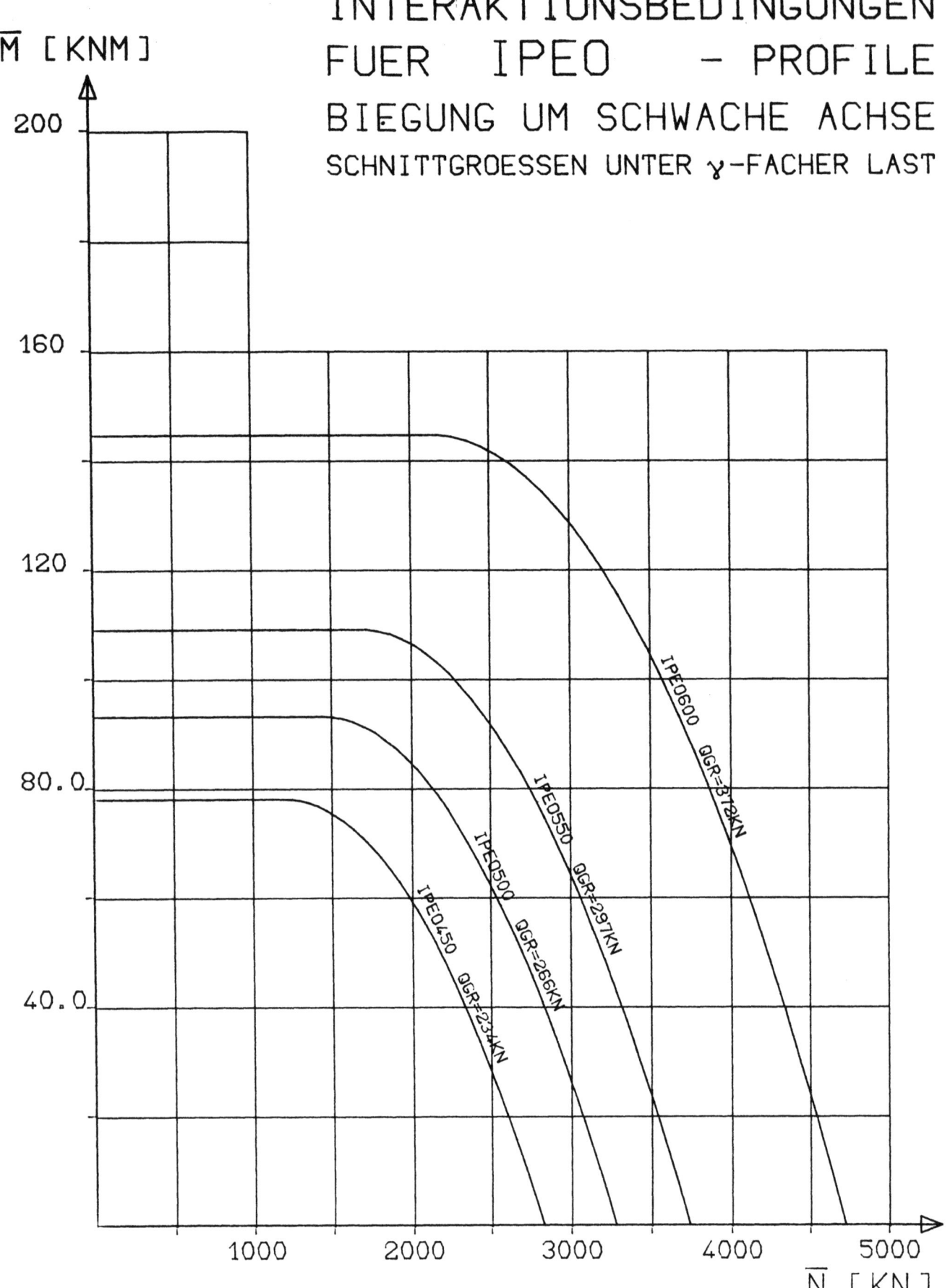

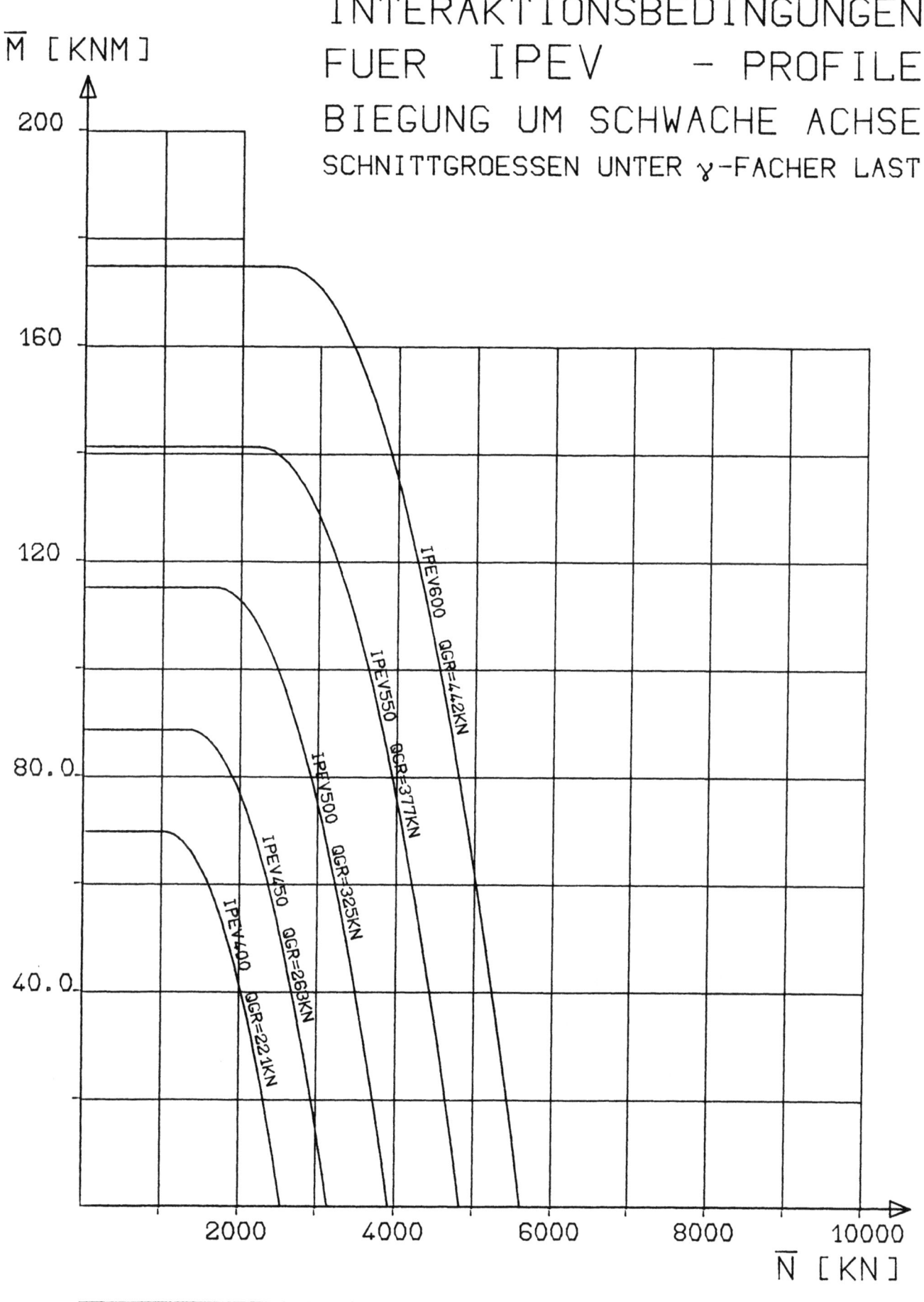

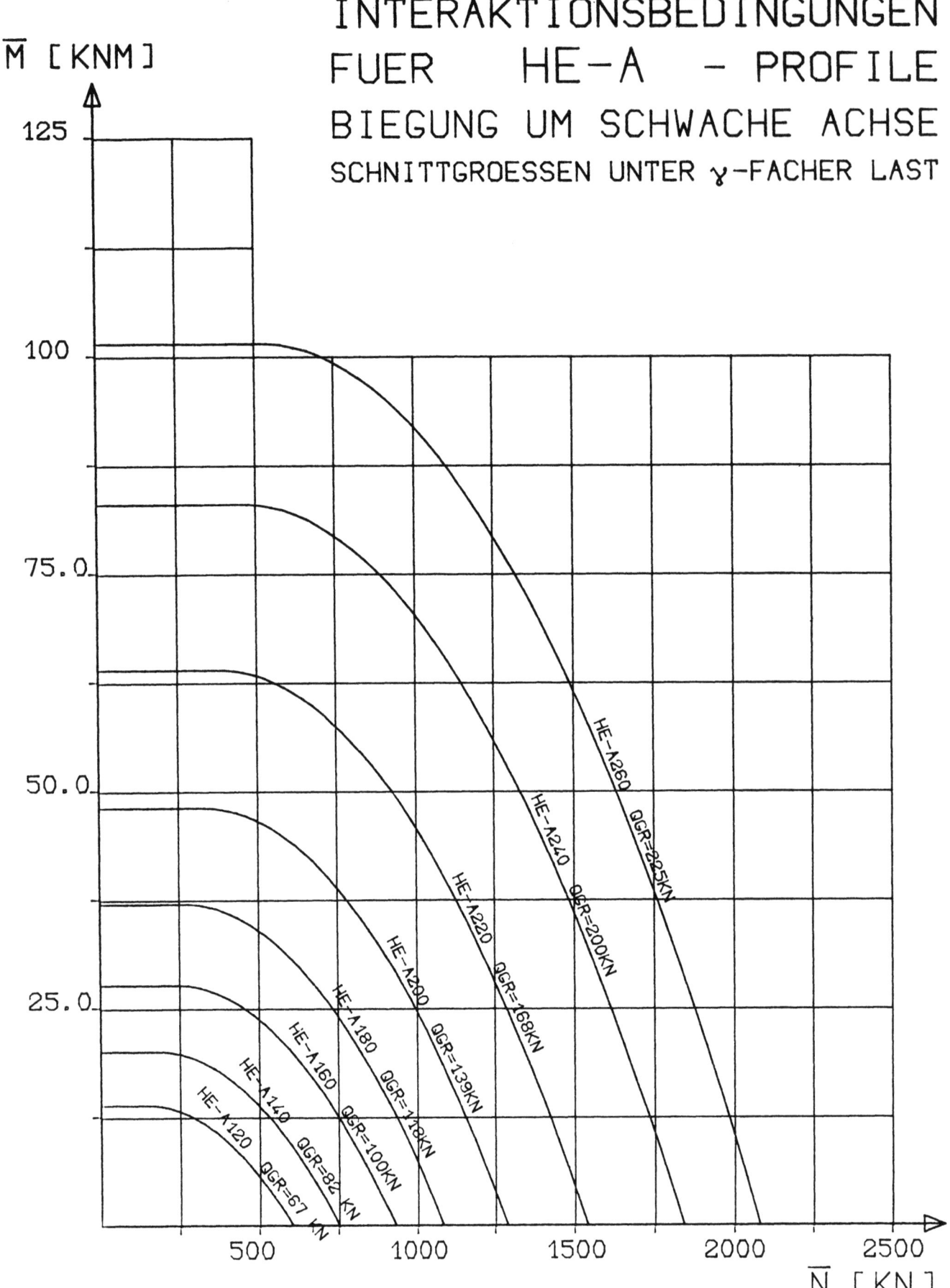

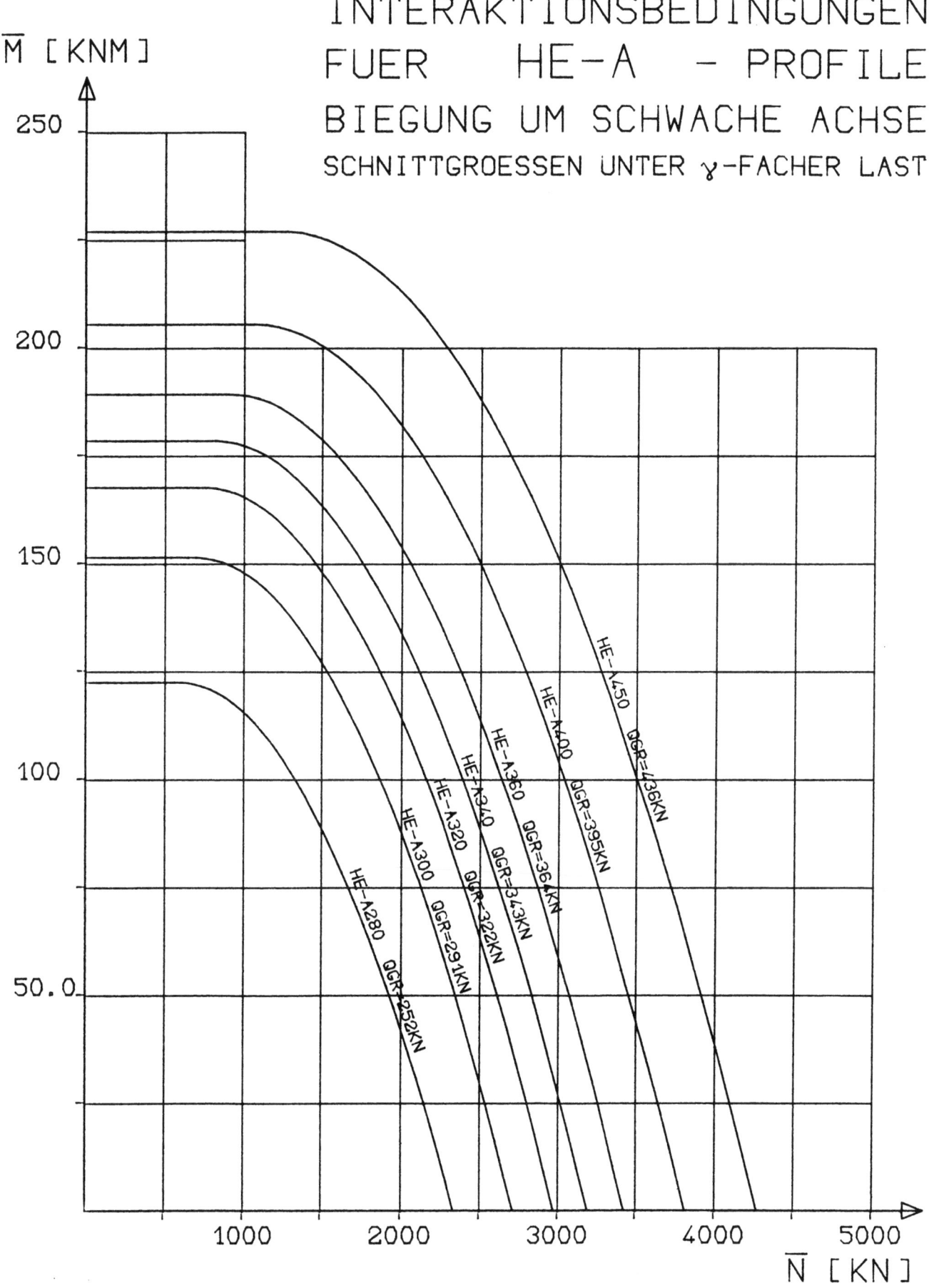

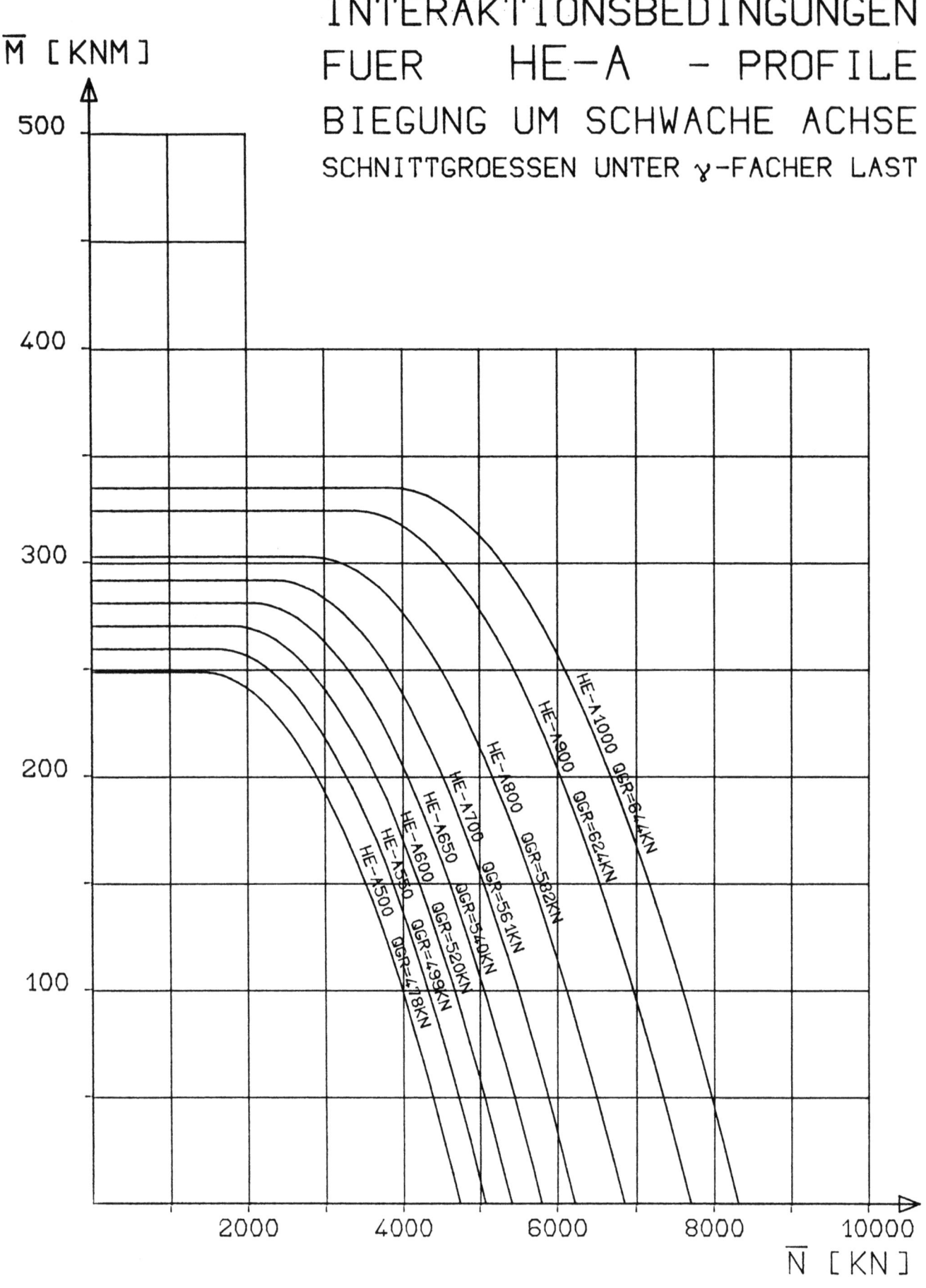

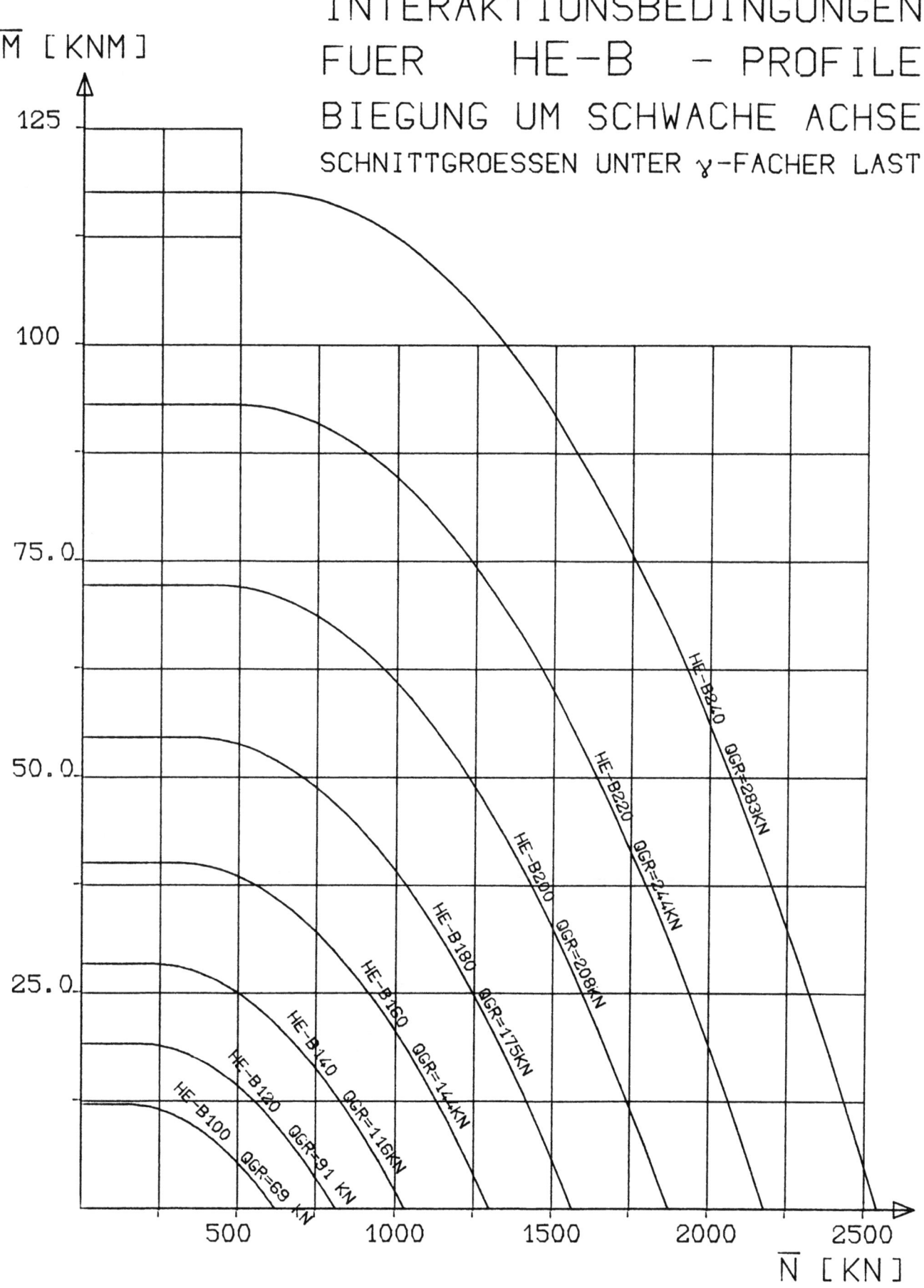

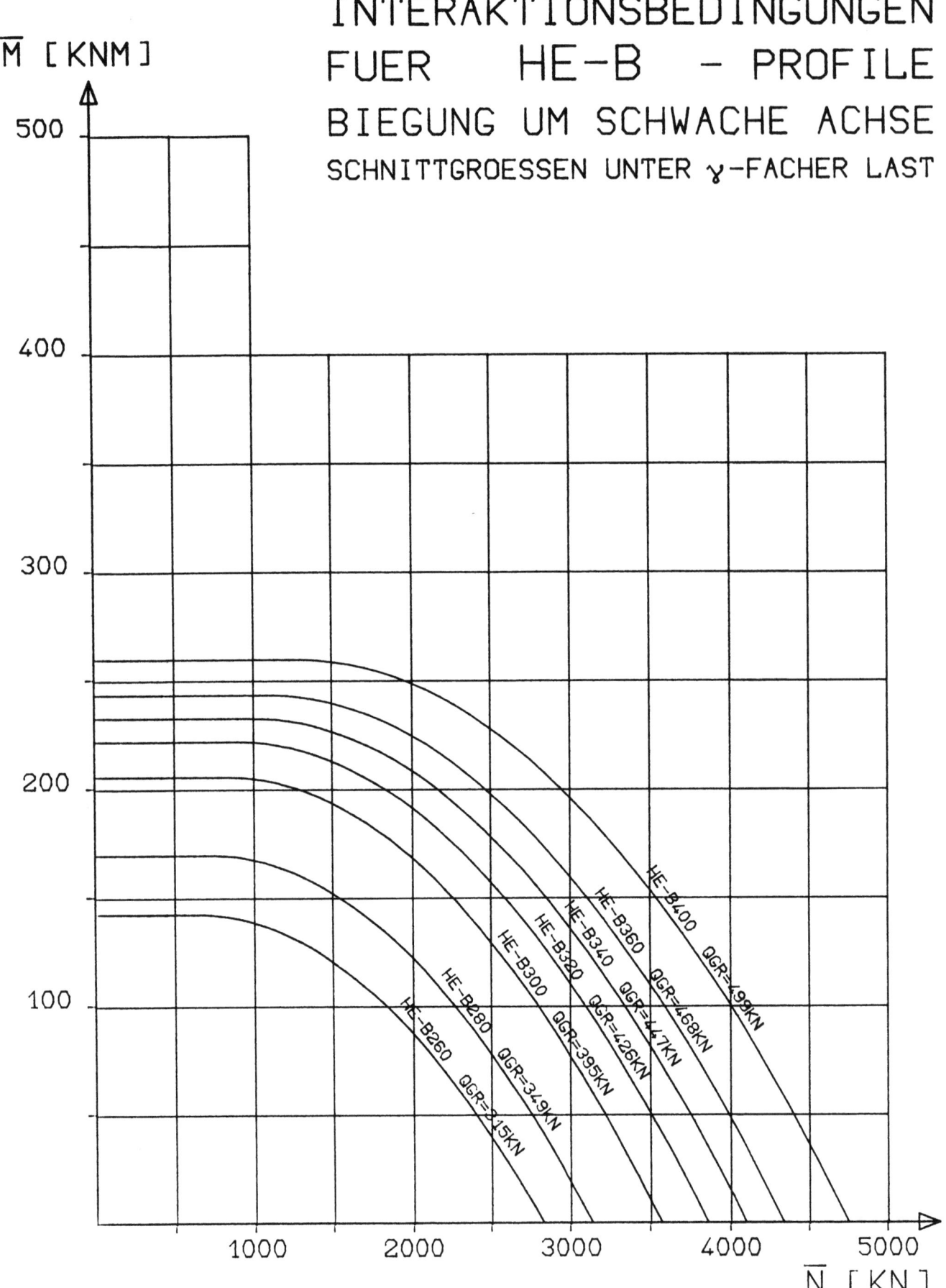

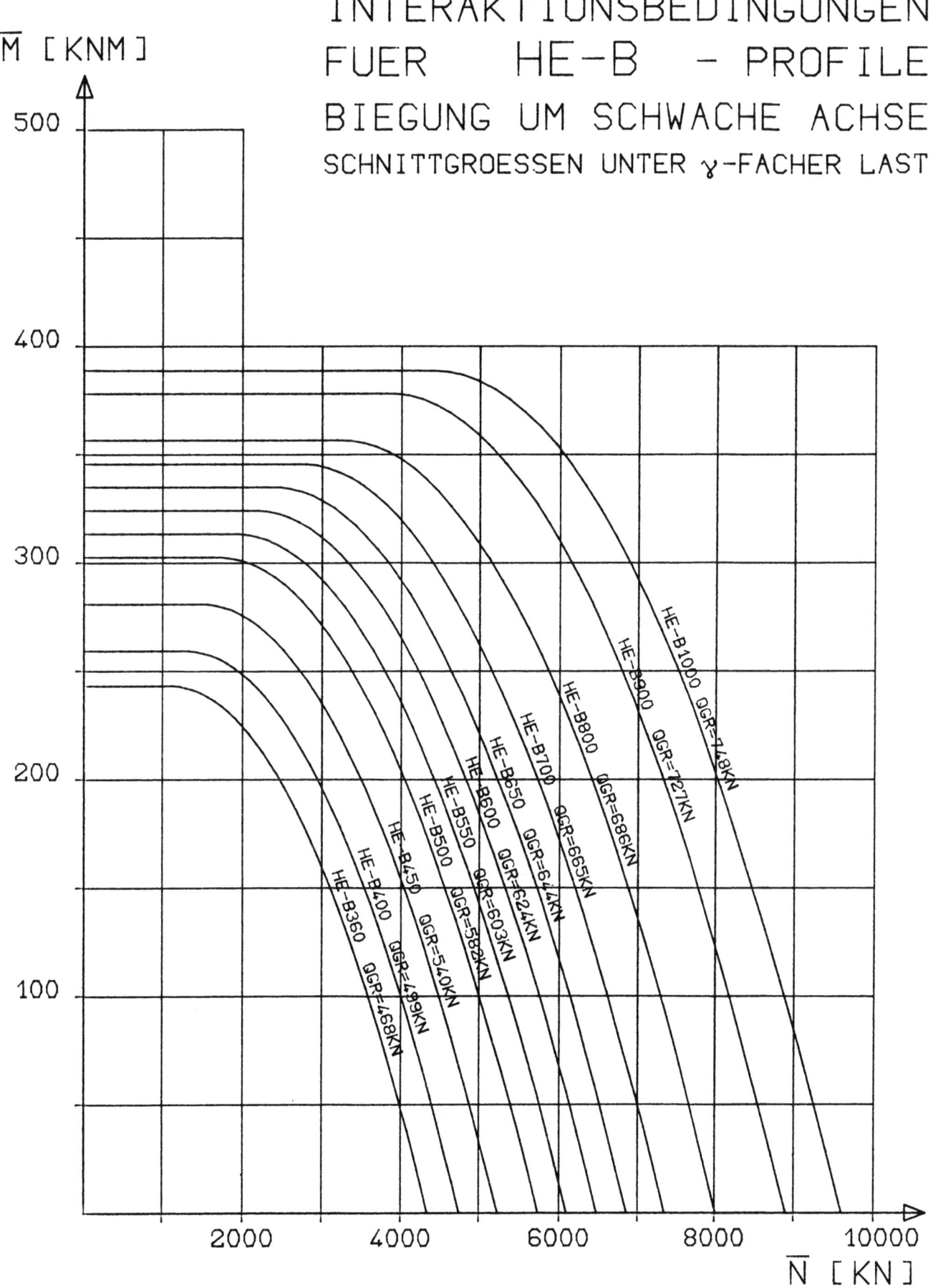

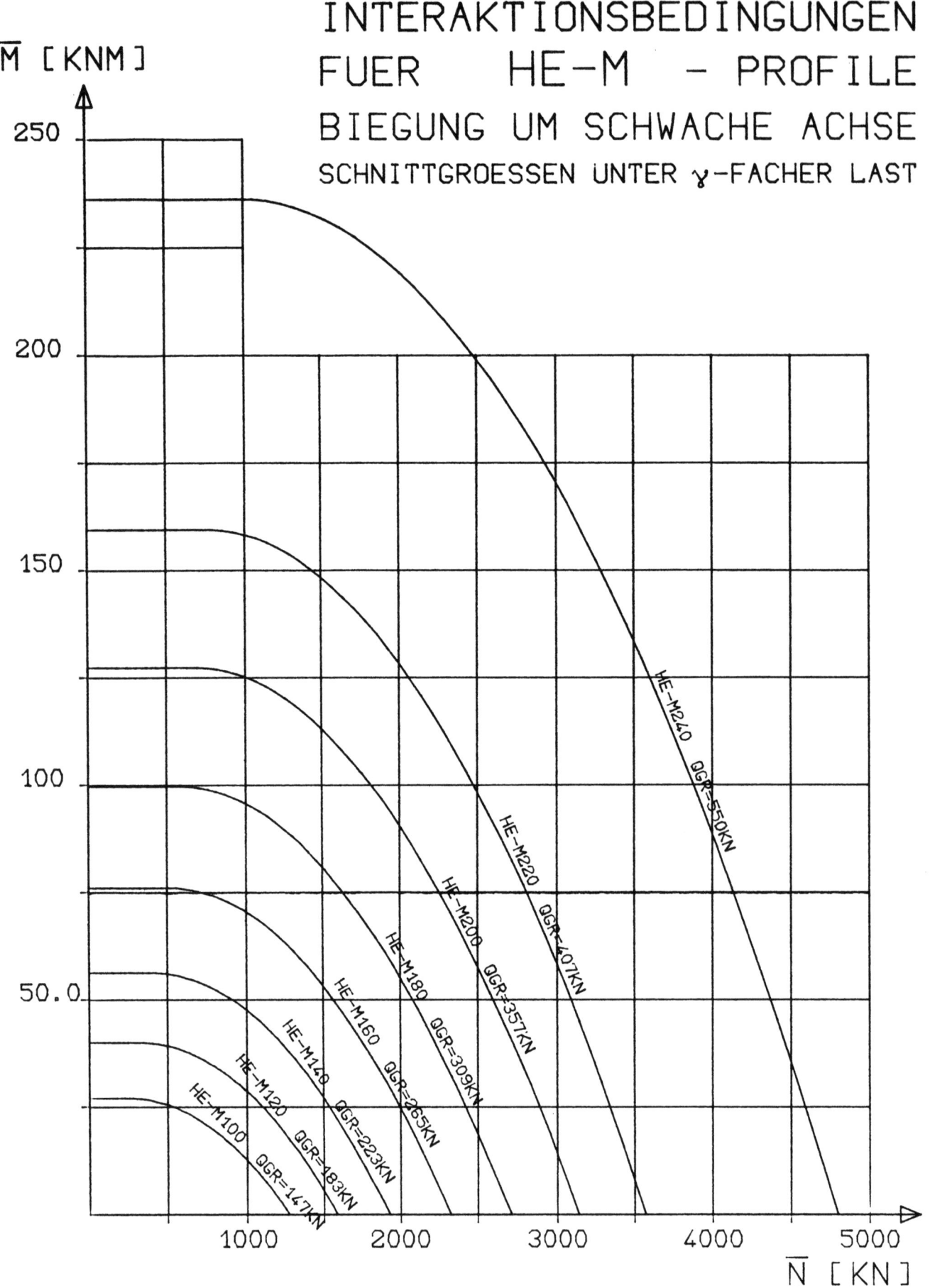

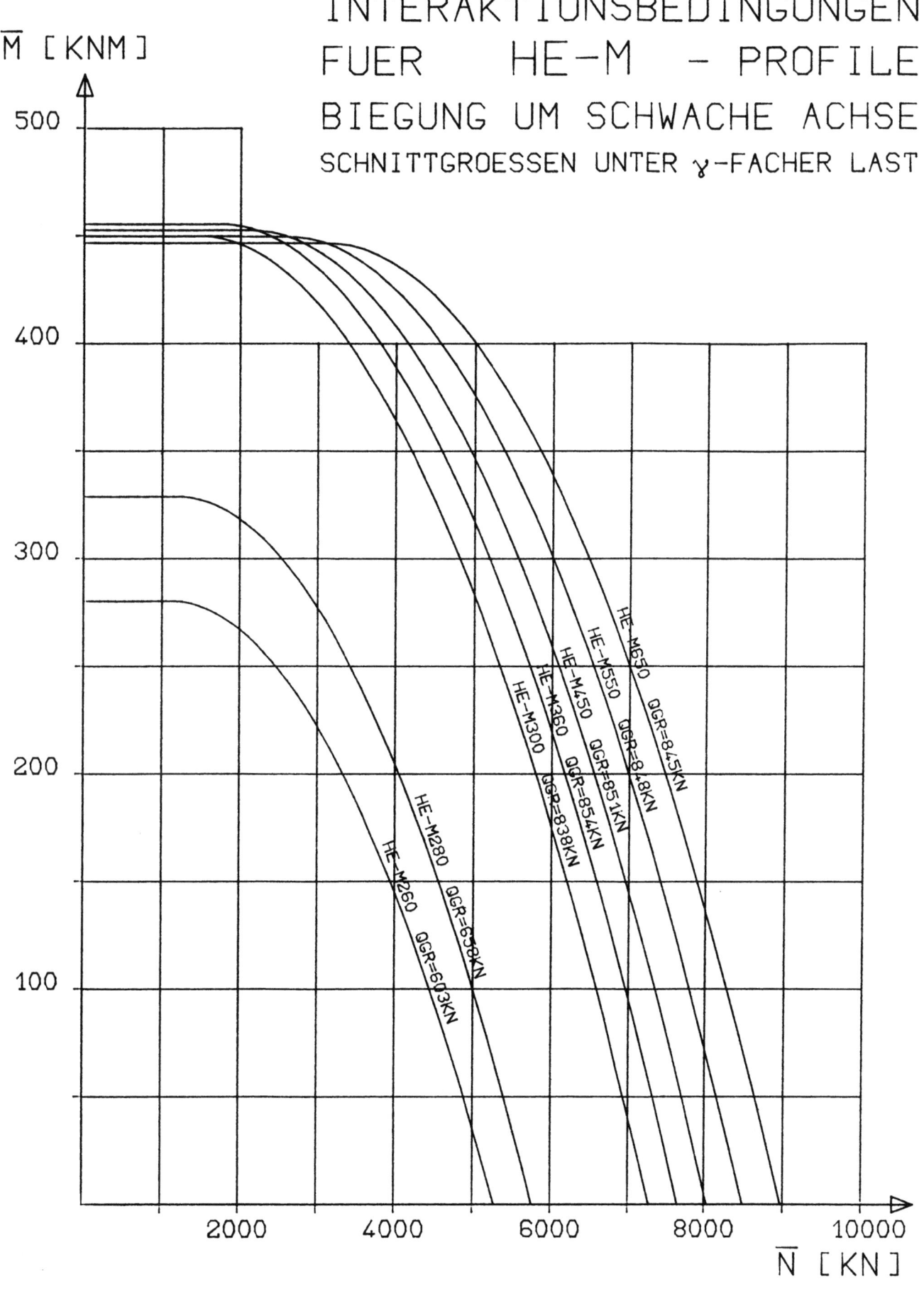

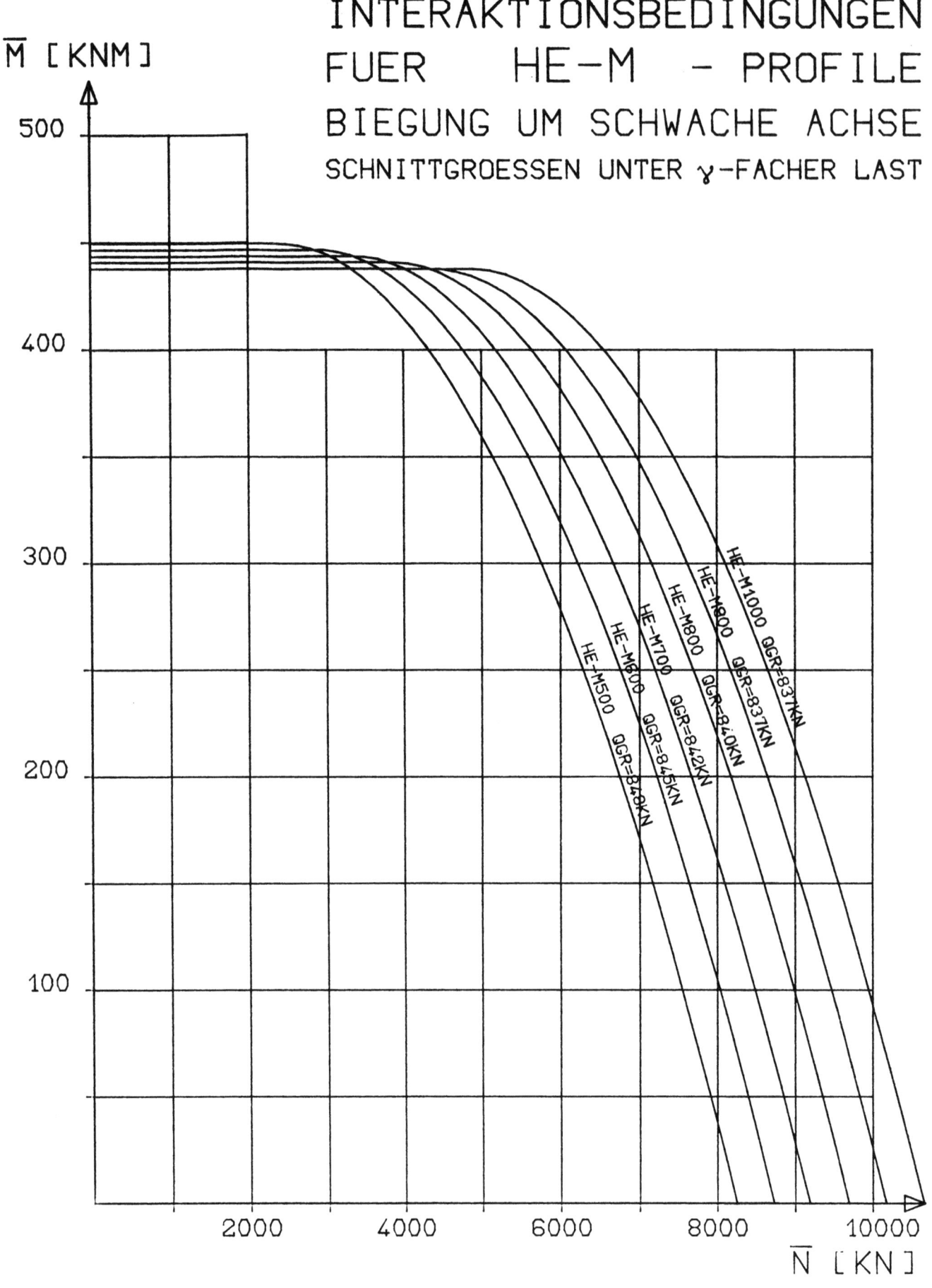

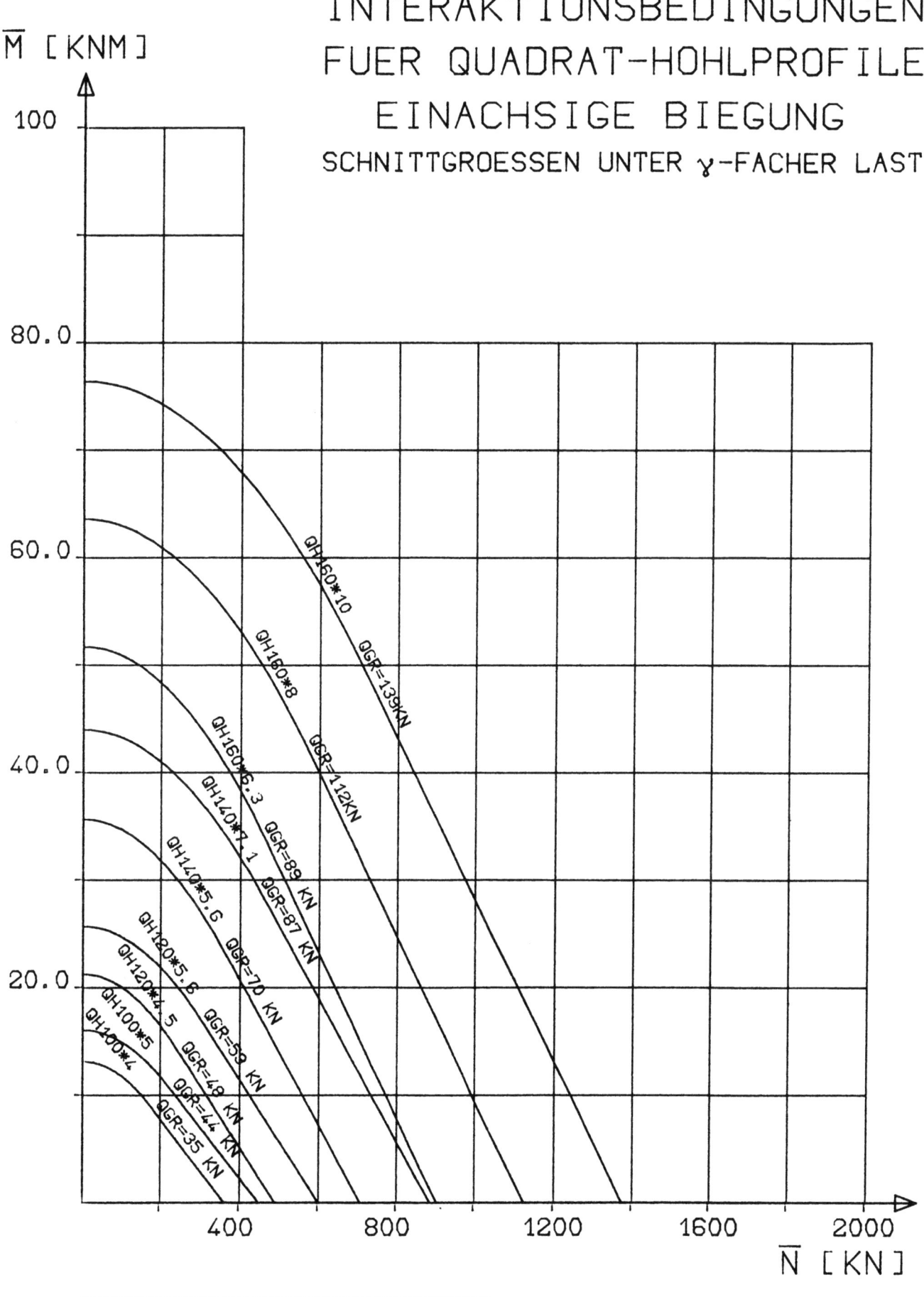

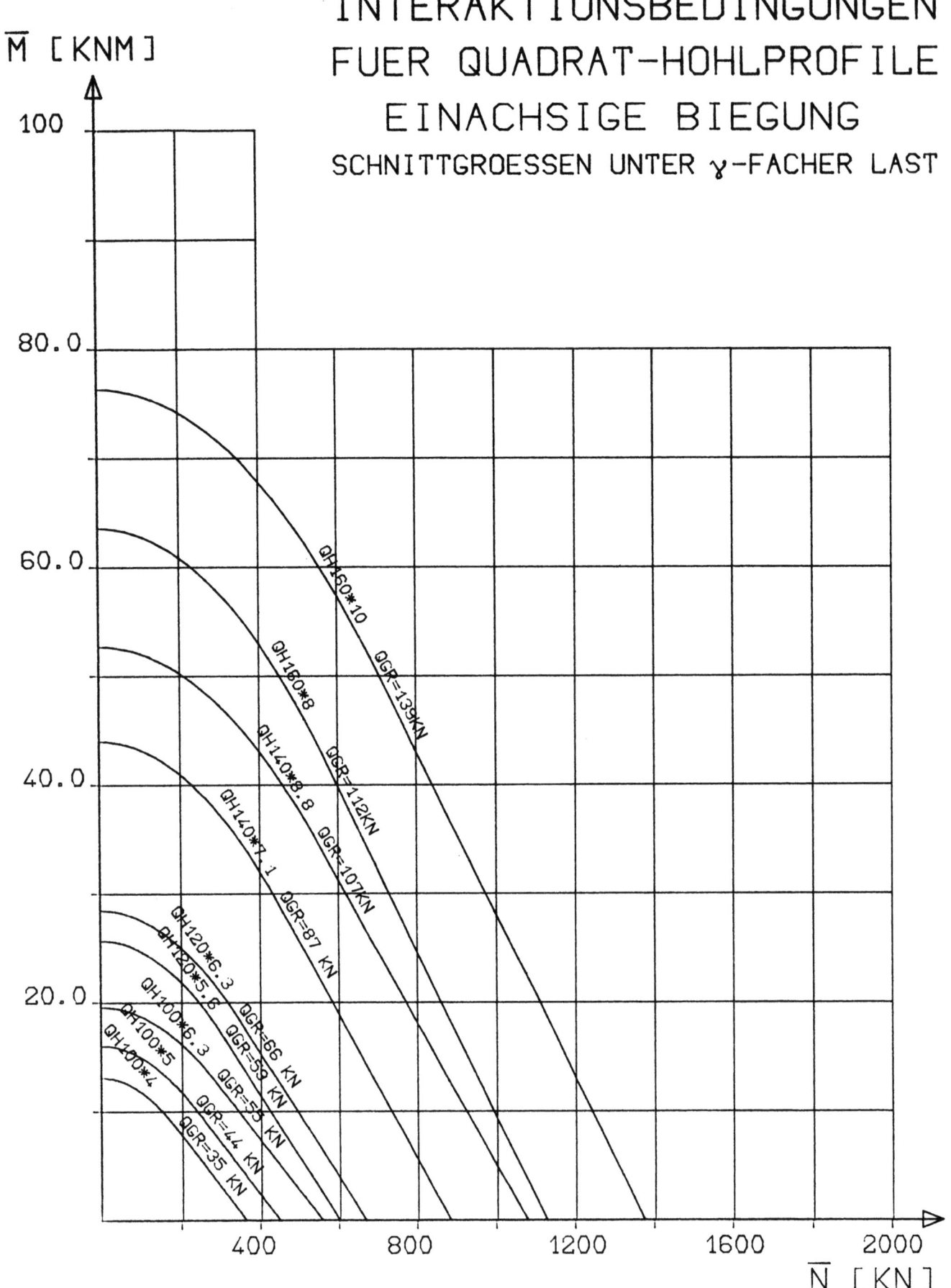

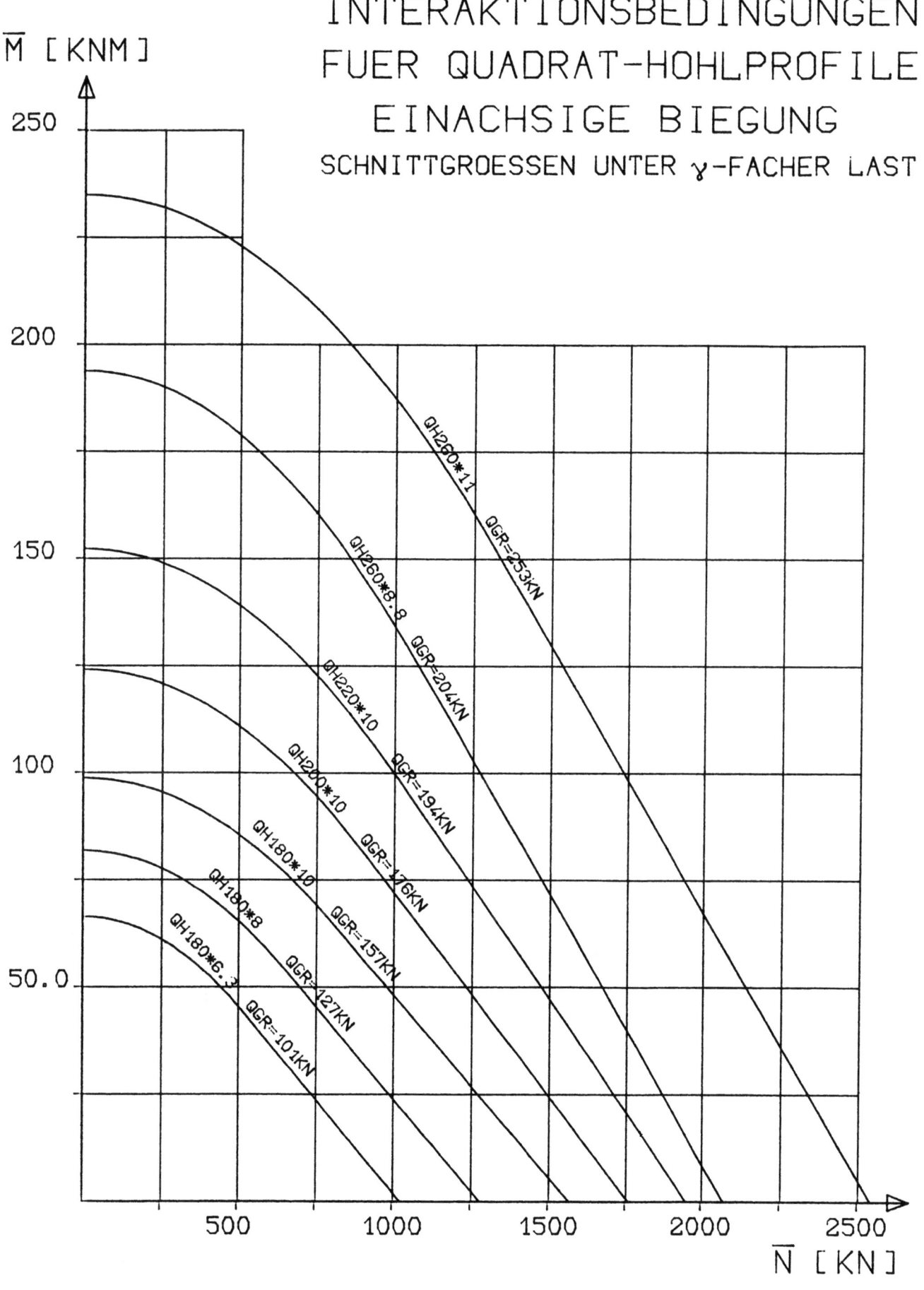

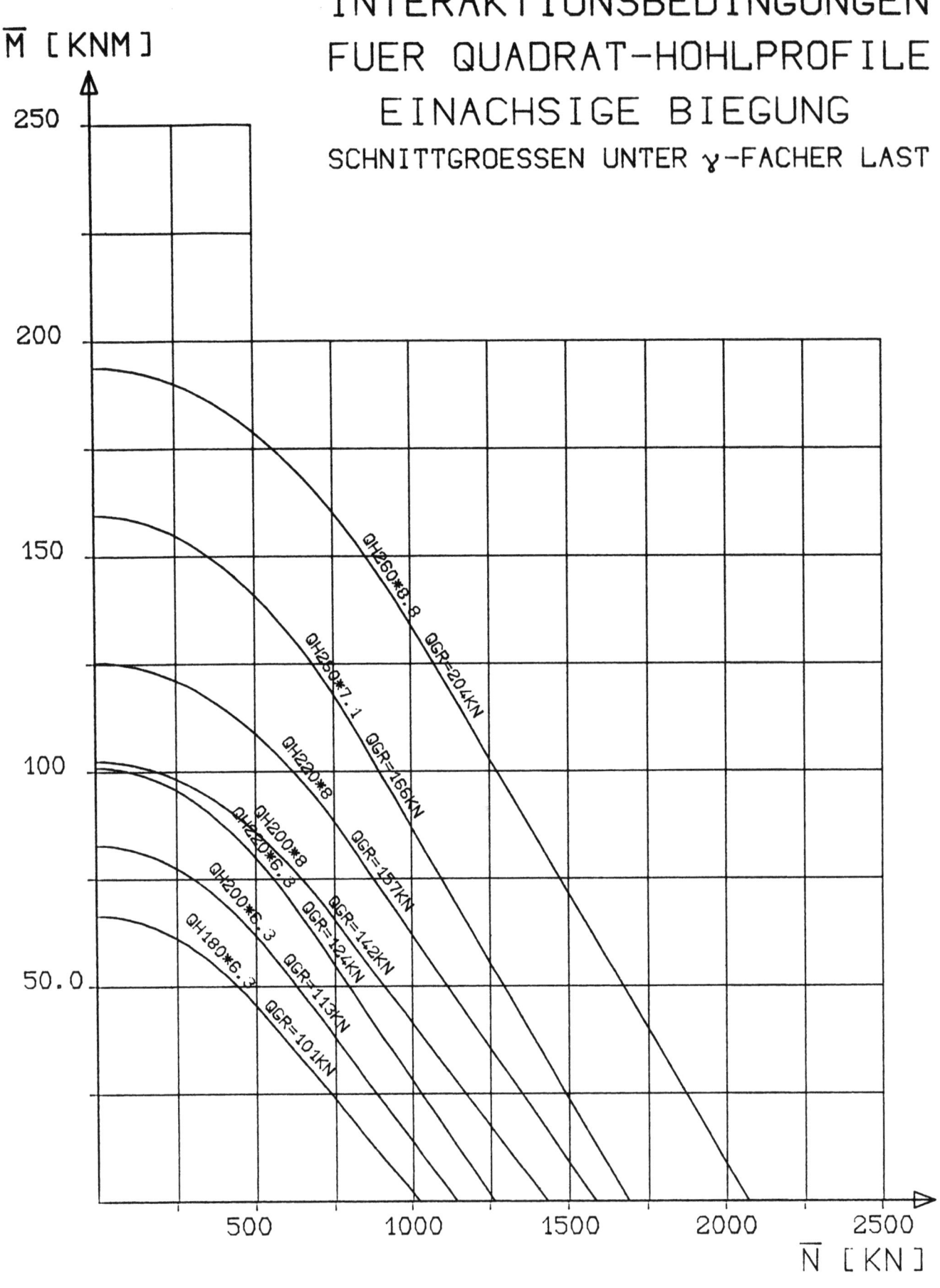

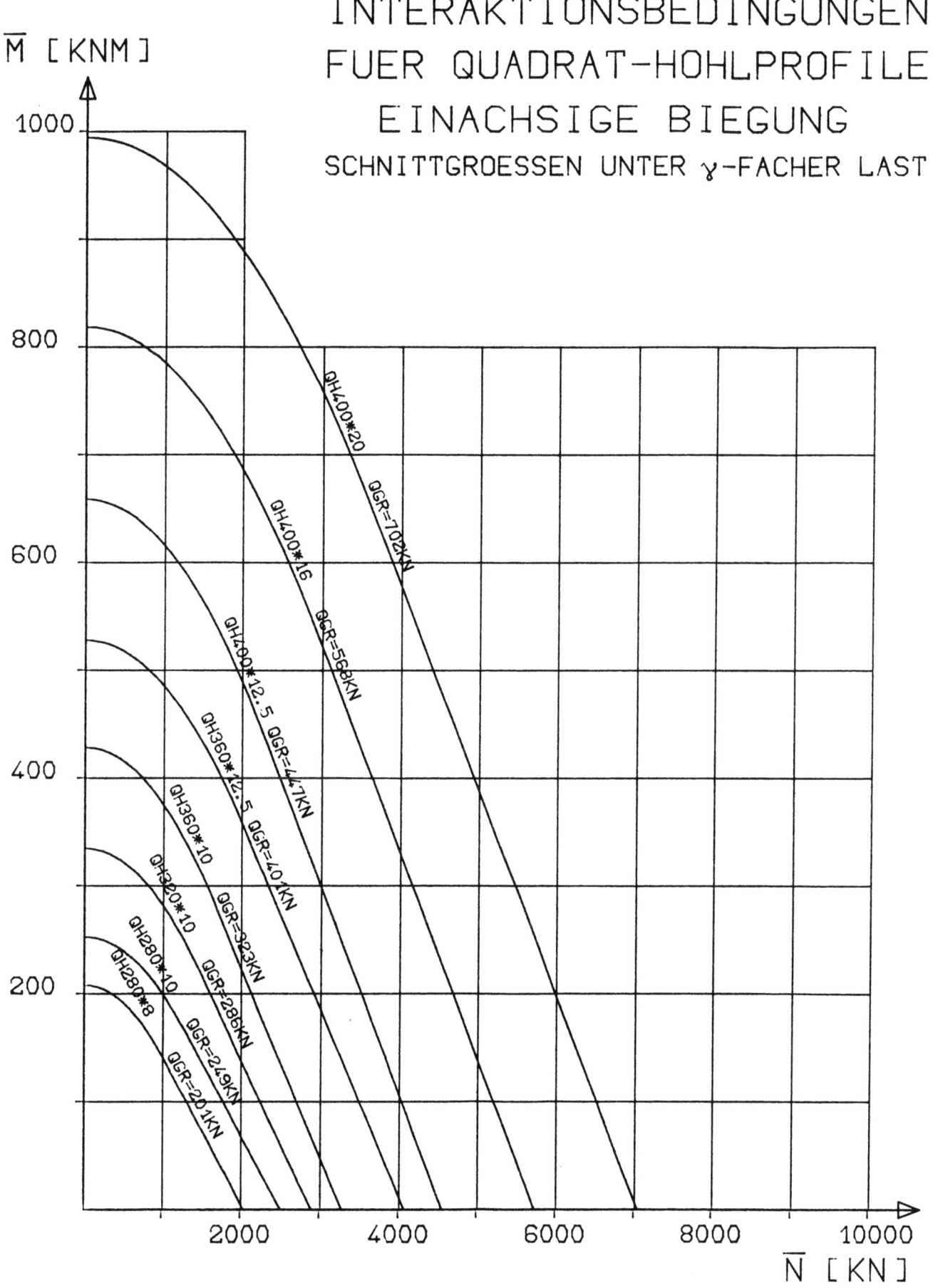

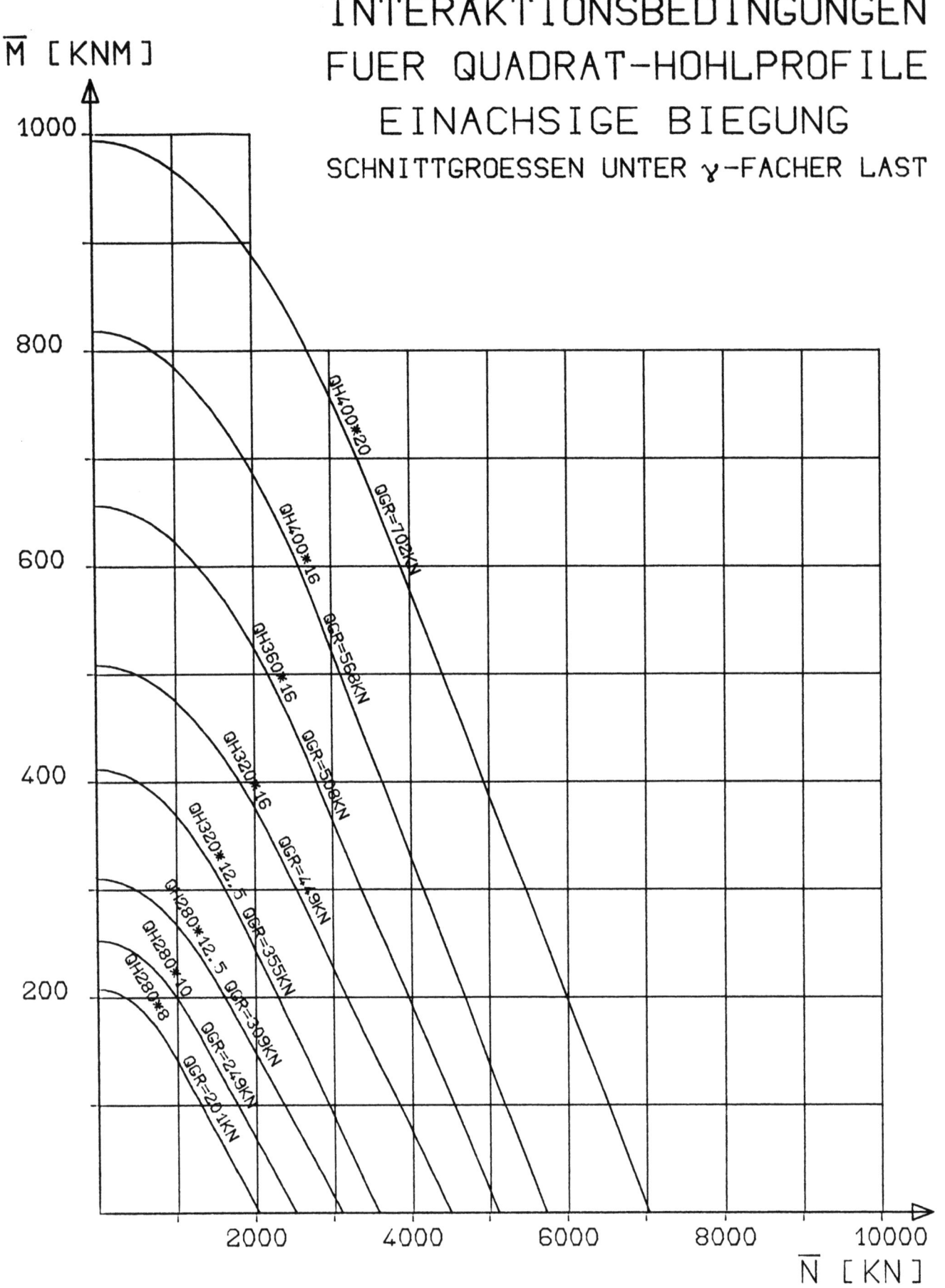

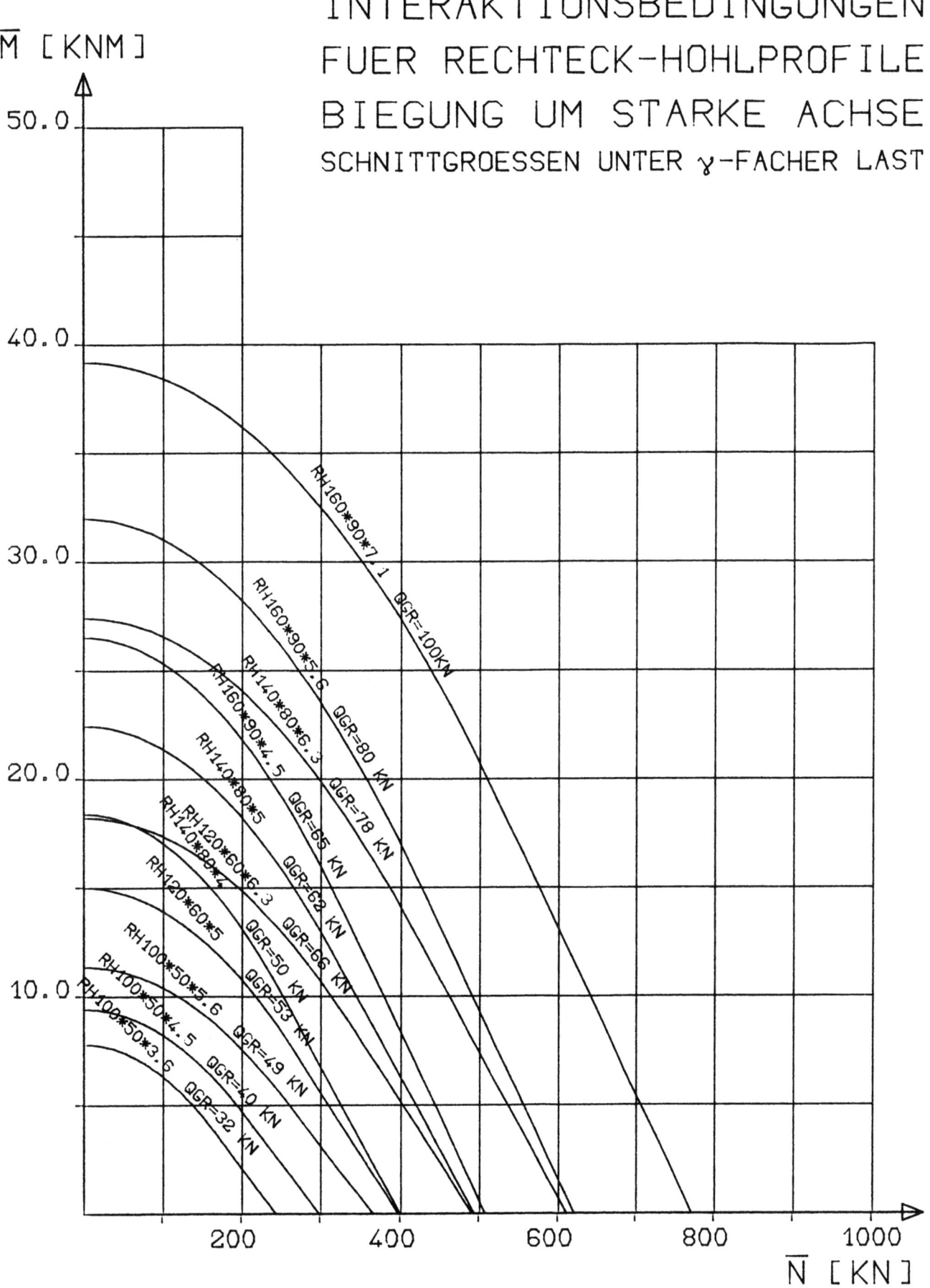

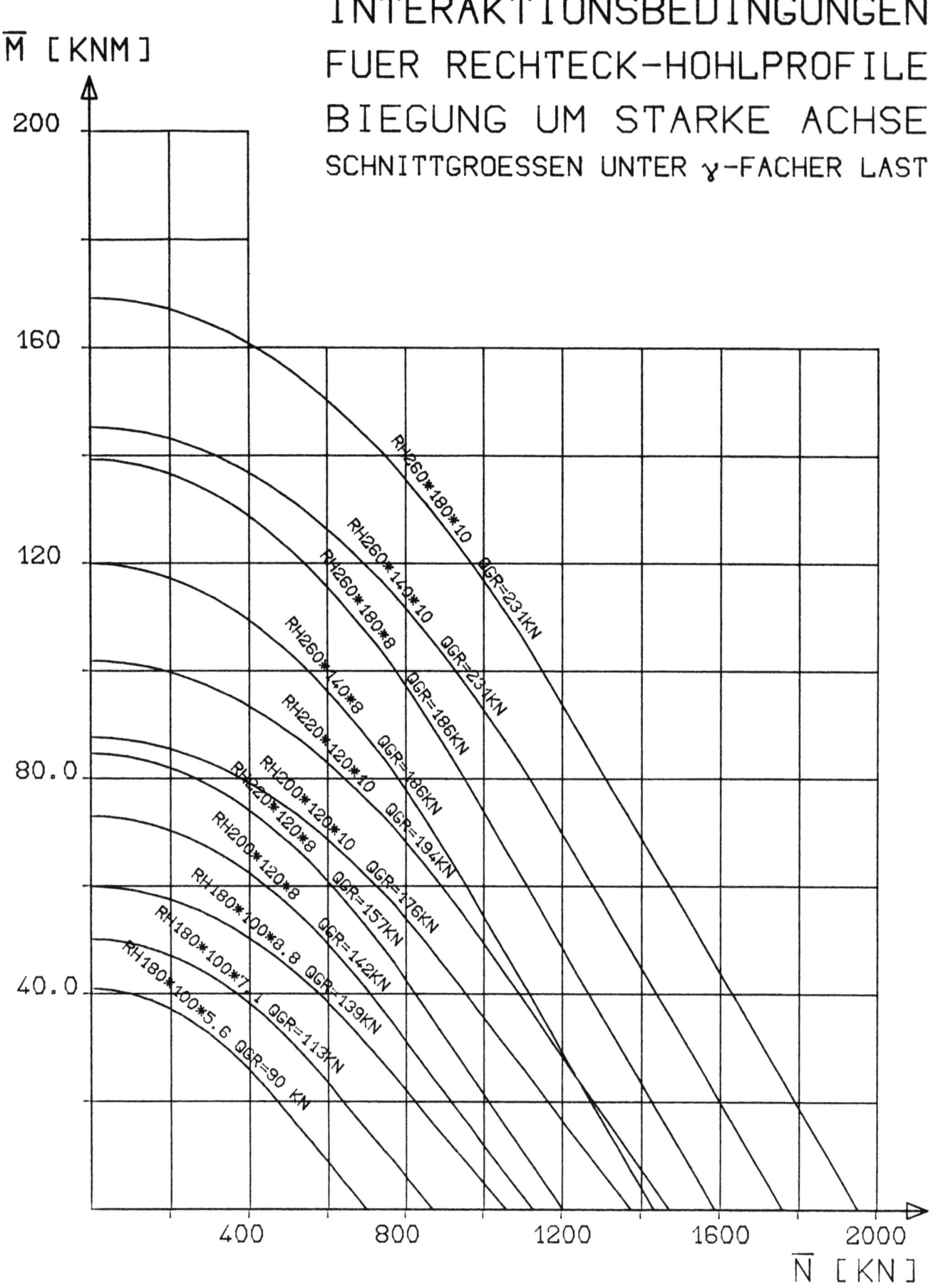

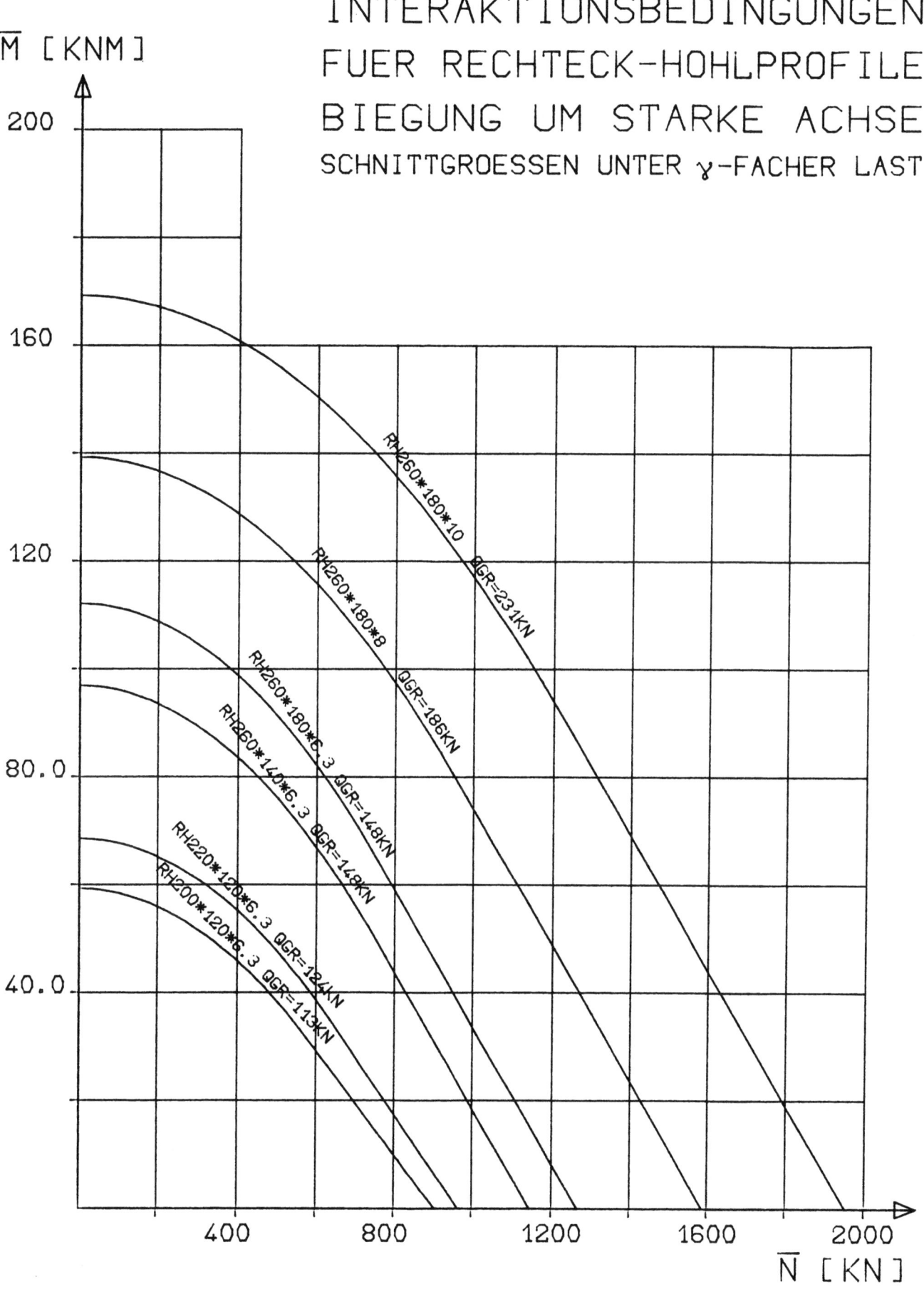

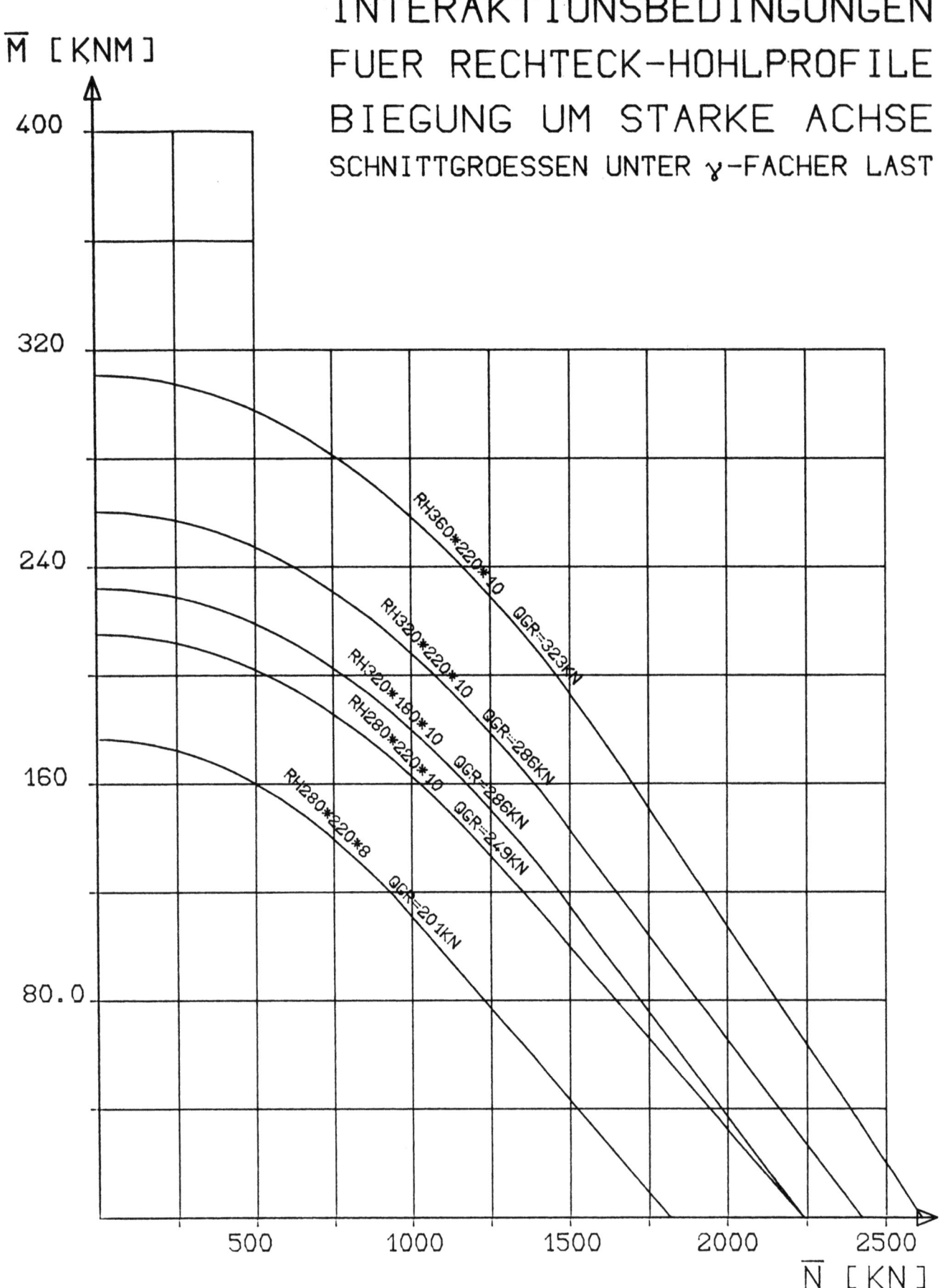

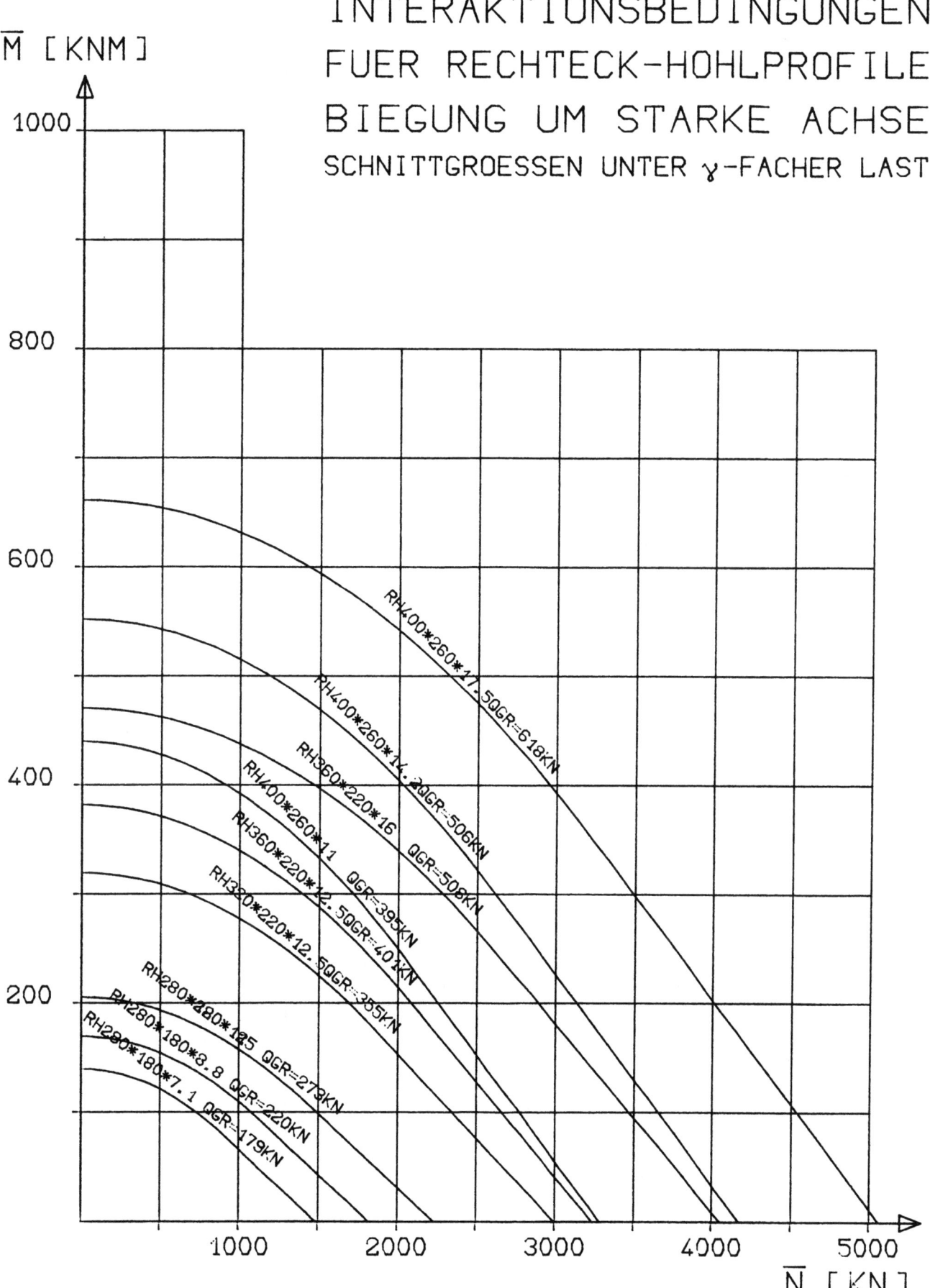

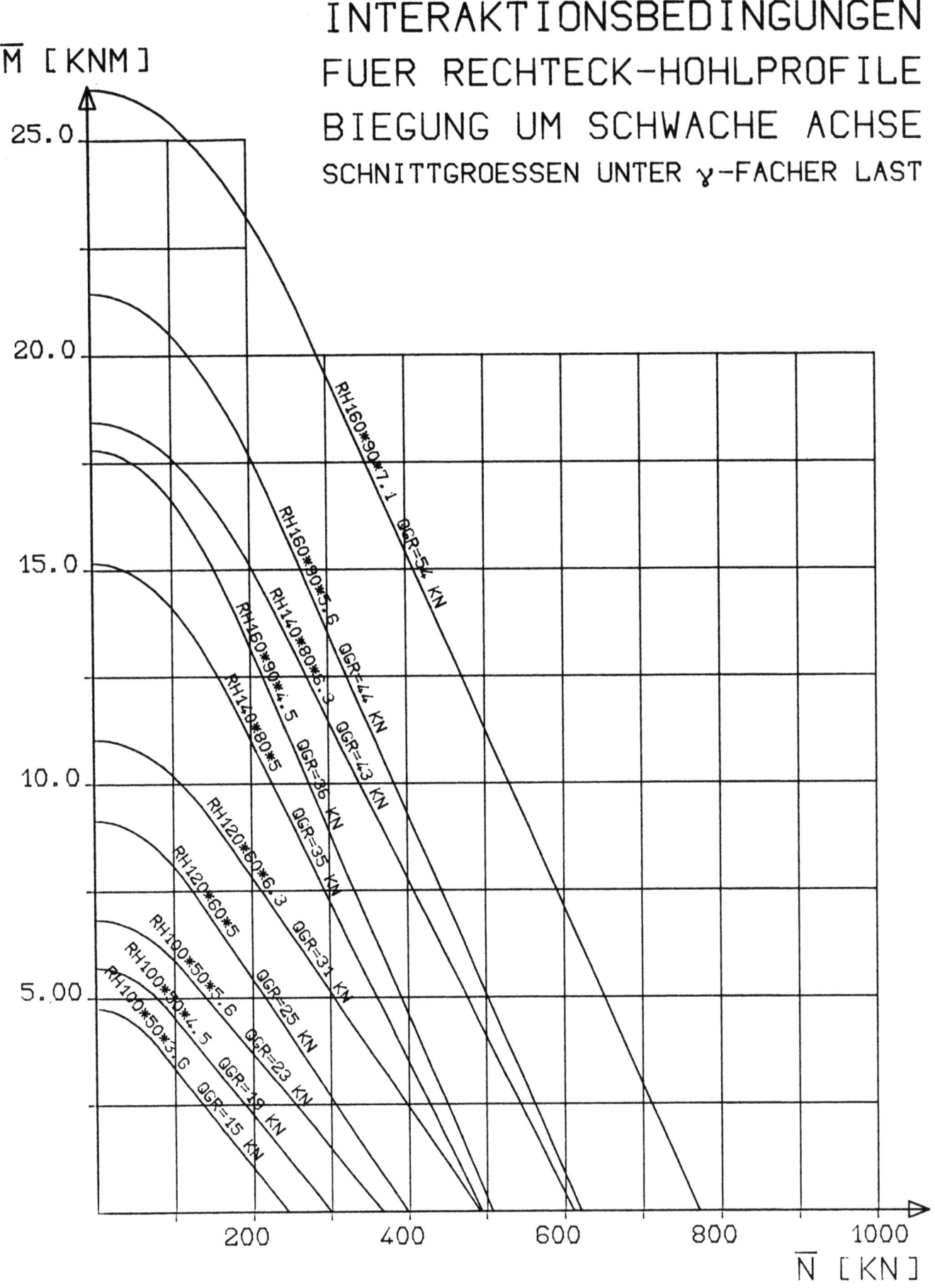

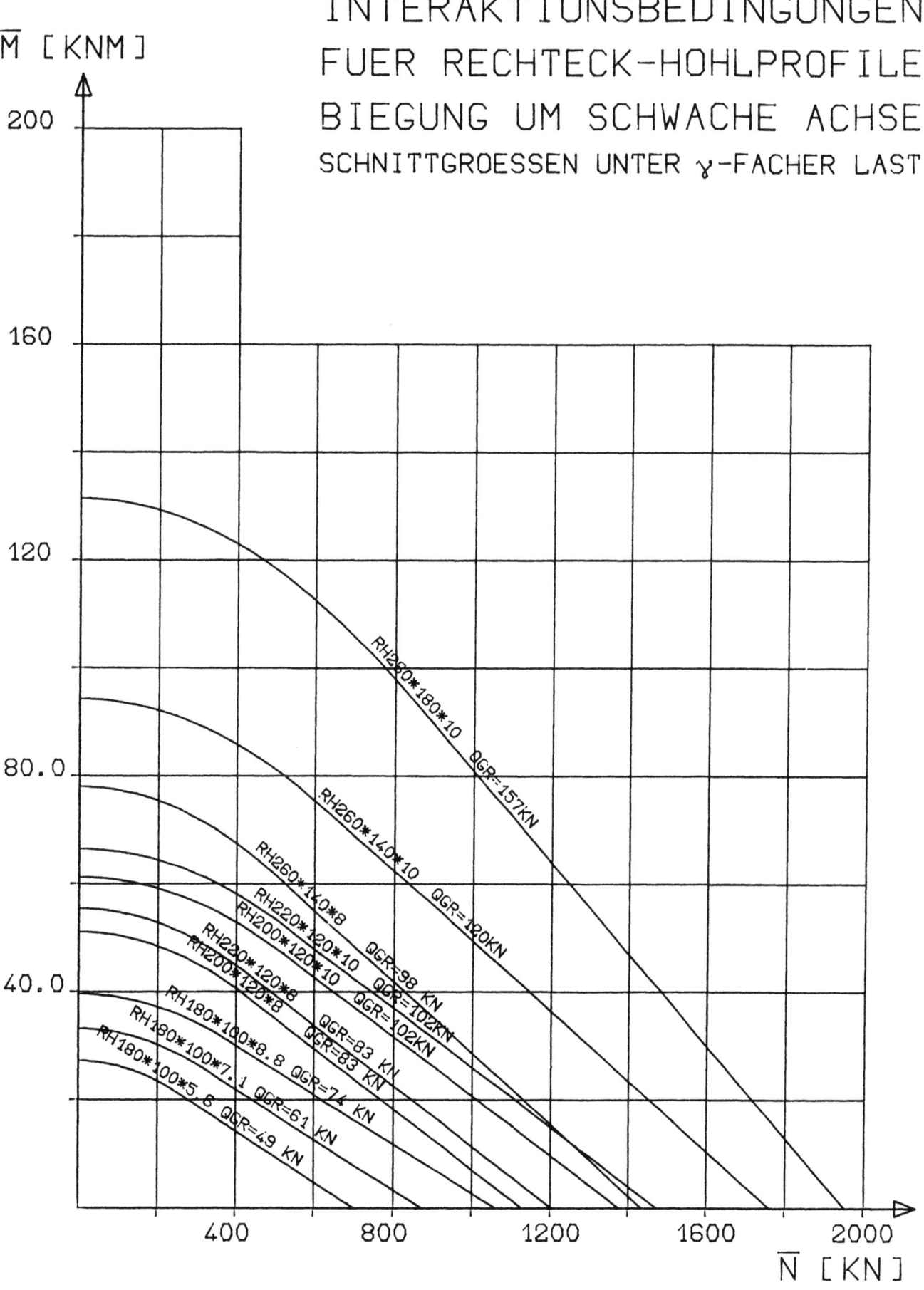

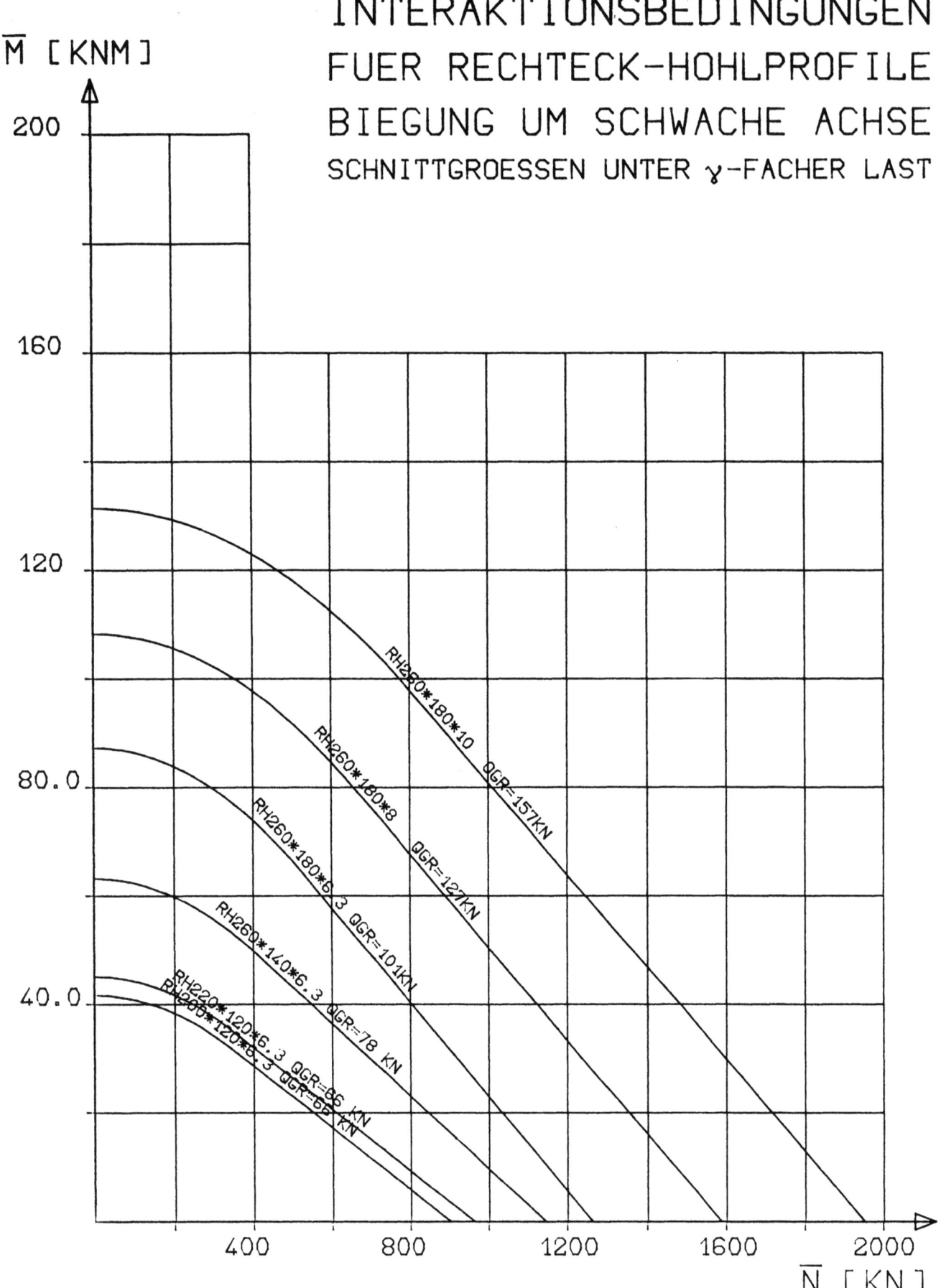

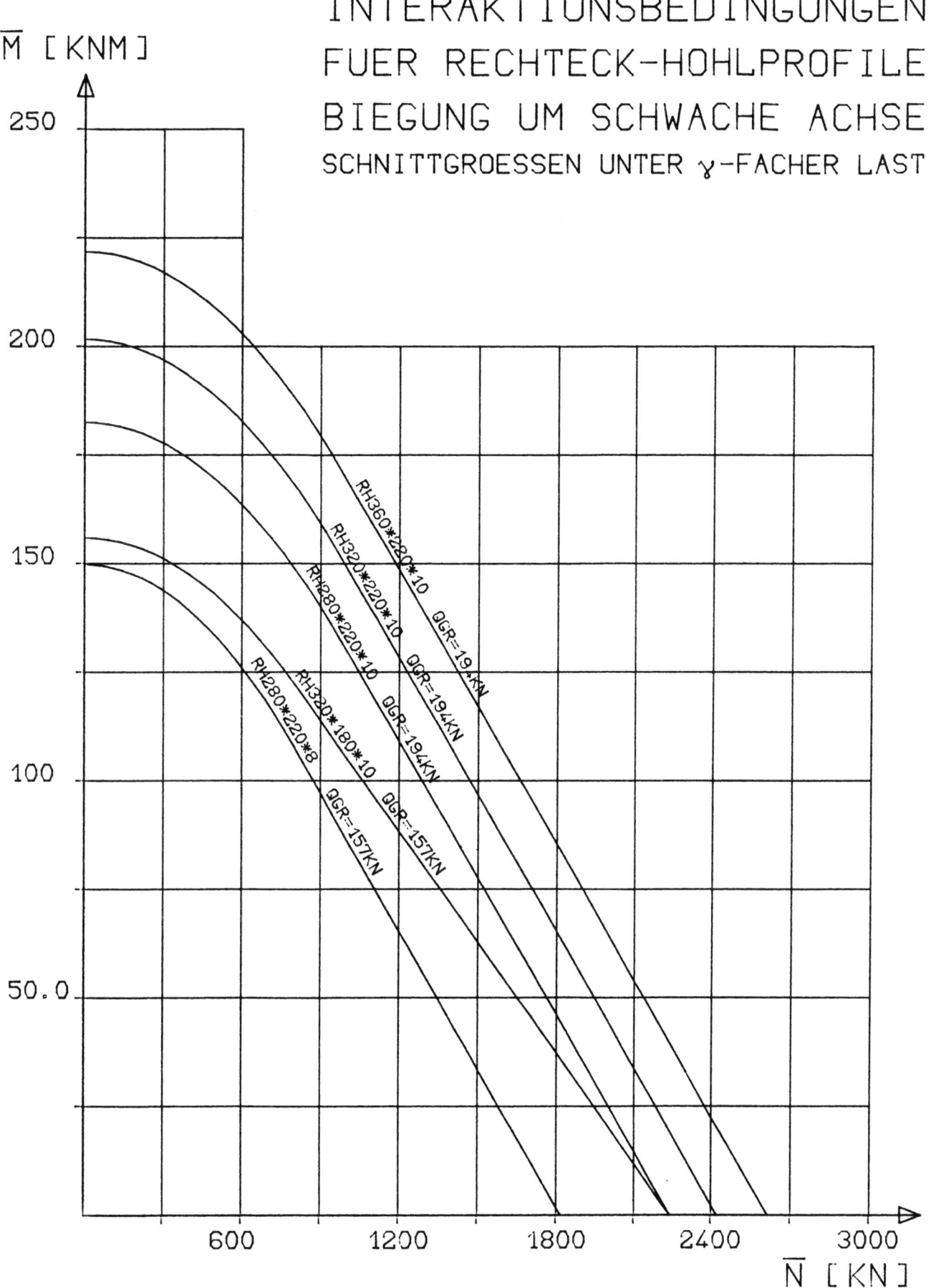

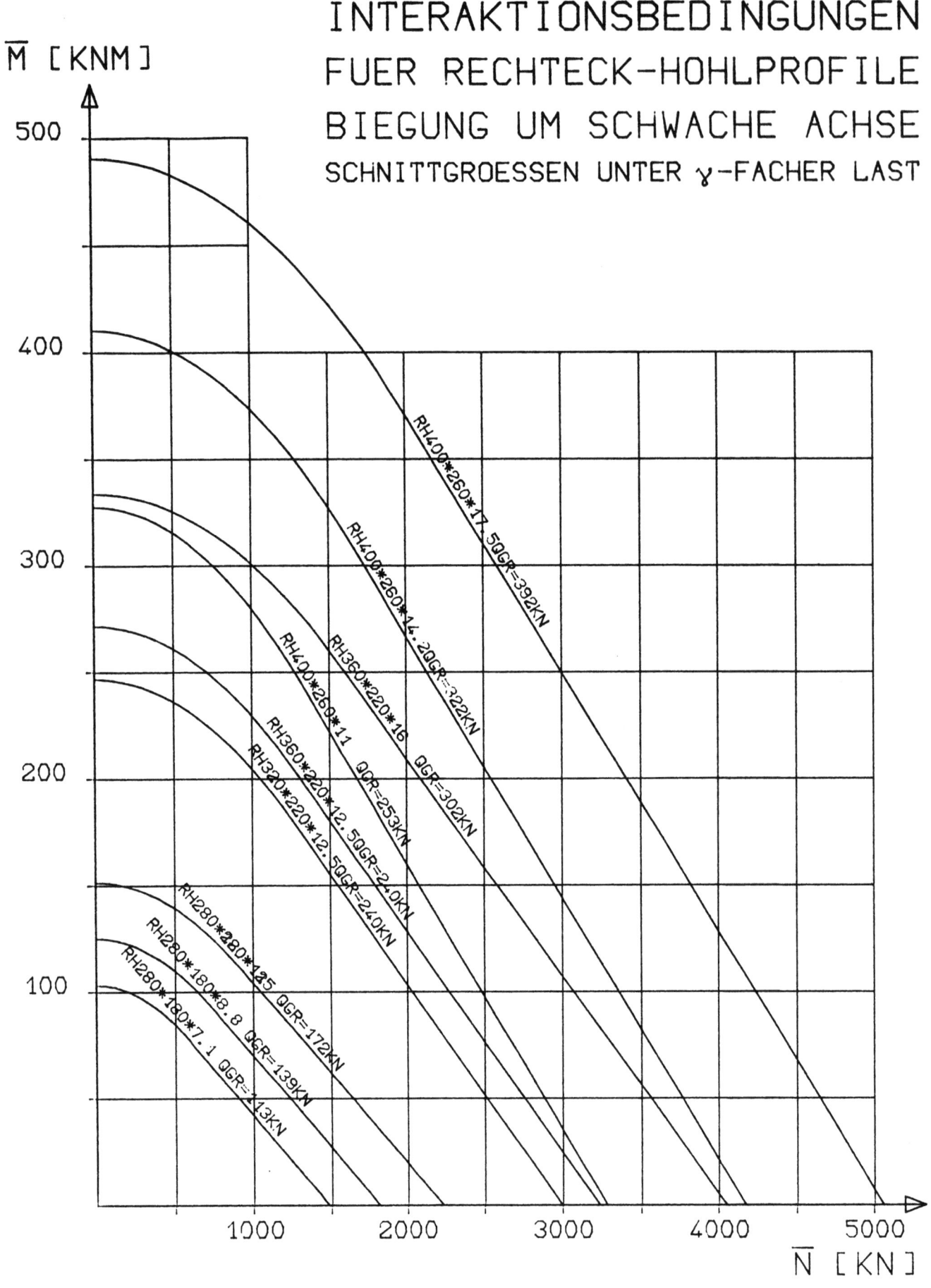

INTERAKTIONSBEDINGUNGEN FUER RUND-HOHLPROFILE

SCHNITTGROESSEN UNTER γ-FACHER LAST

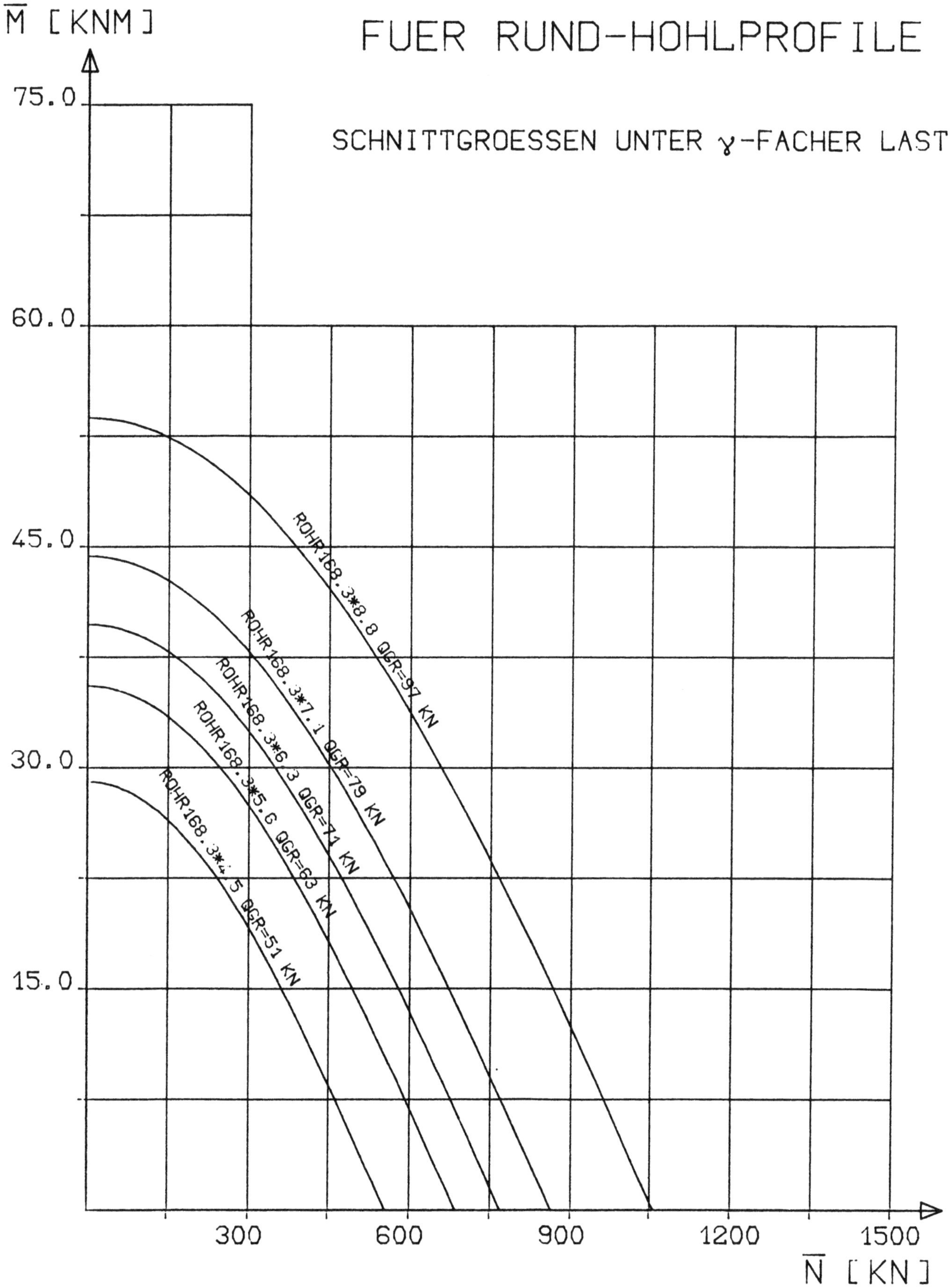

M̄ [KNM]
75.0
60.0
45.0
30.0
15.0
ROHR168.3*8.8 QGR=97 KN
ROHR168.3*7.1 QGR=79 KN
ROHR168.3*6.3 QGR=71 KN
ROHR168.3*5.6 QGR=63 KN
ROHR168.3*4.5 QGR=51 KN
300
600
900
1200
1500
N̄ [KN]

STAHLSORTE	ST37	ST52	STE460	STE690
FAKTOR	1.00	0.67	0.52	0.35

$\overline{M}$ = FAKTOR * M

$\overline{N}$ = FAKTOR * N

$\overline{Q}$ = FAKTOR * Q <= QGR

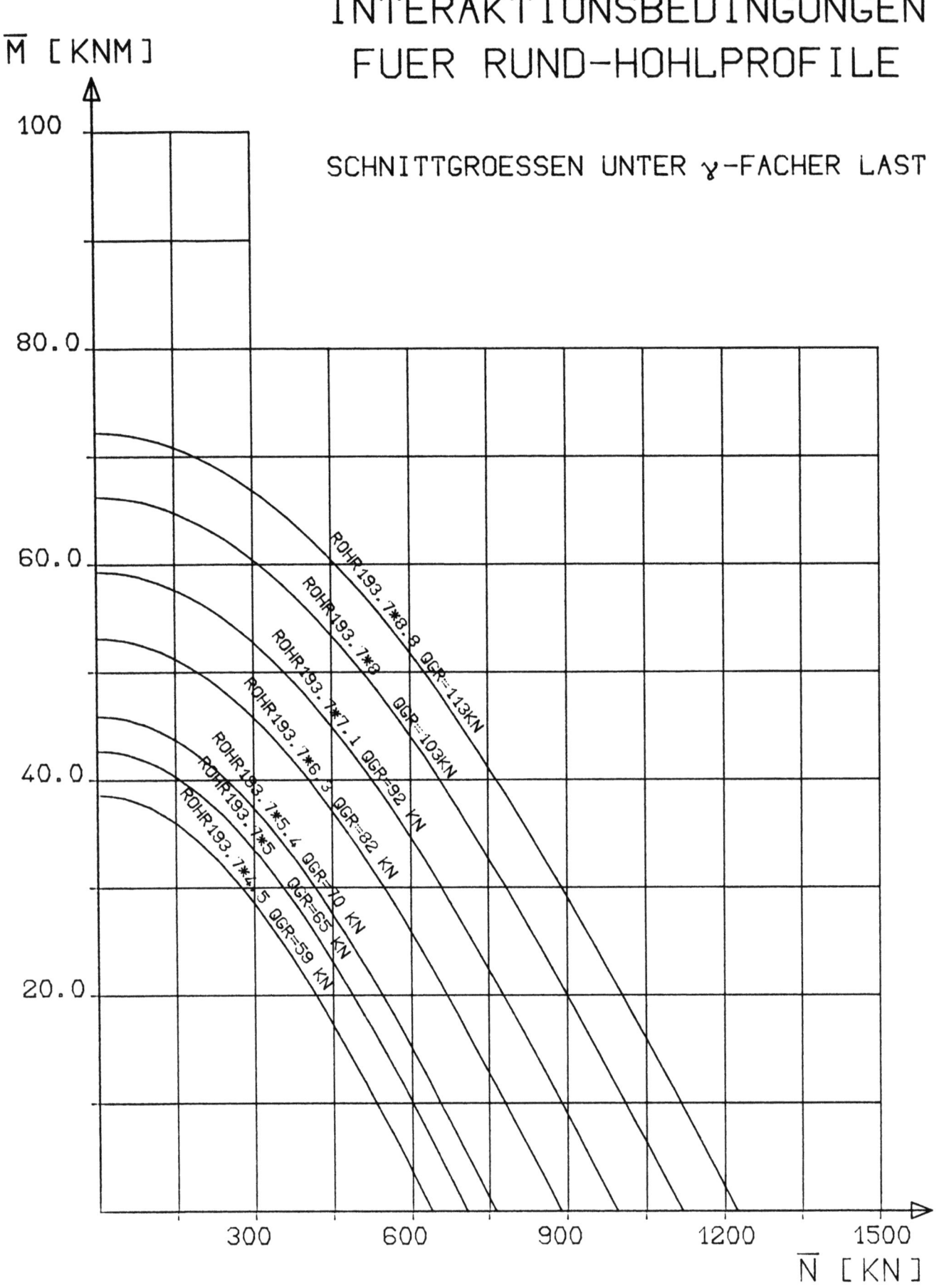

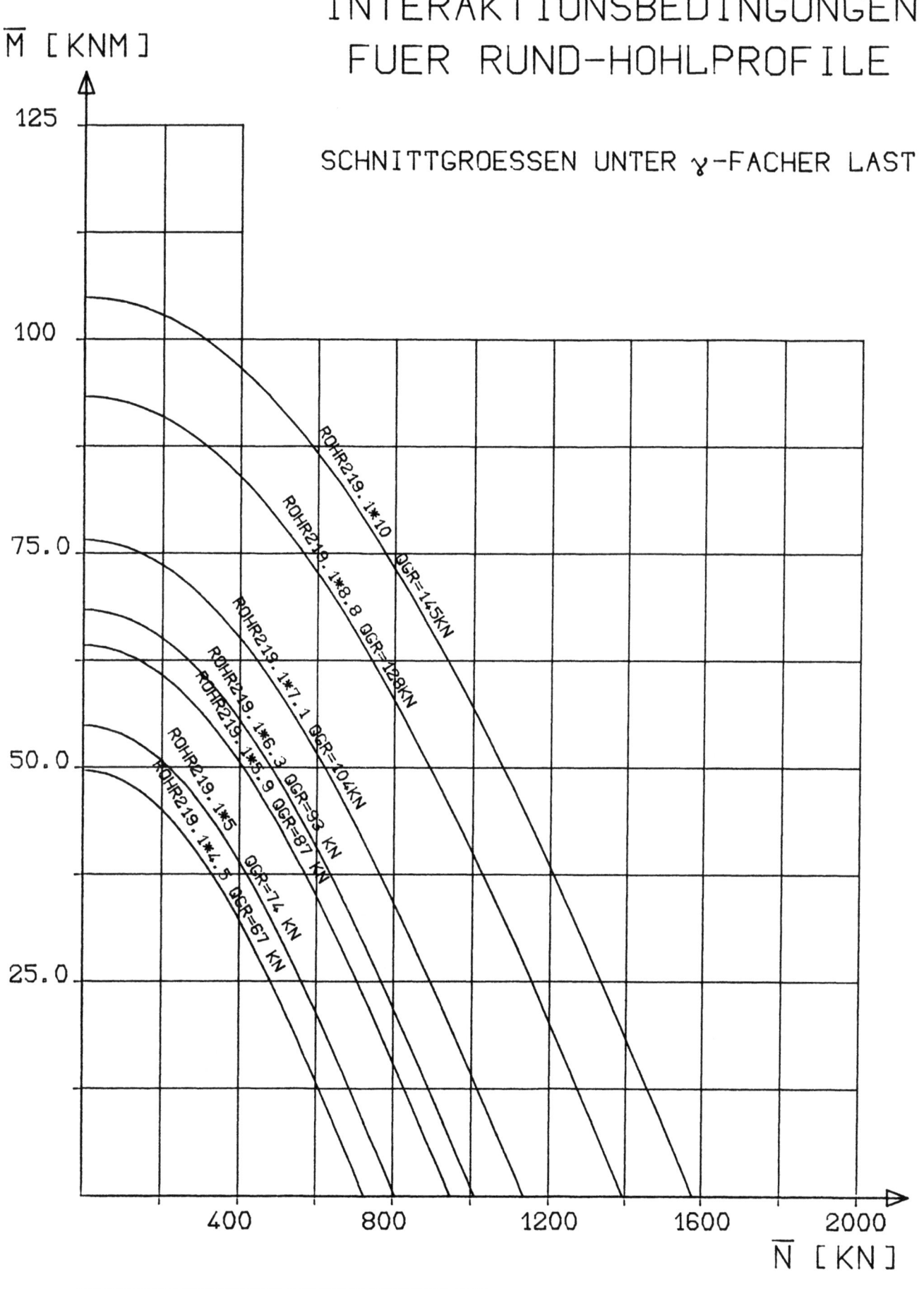

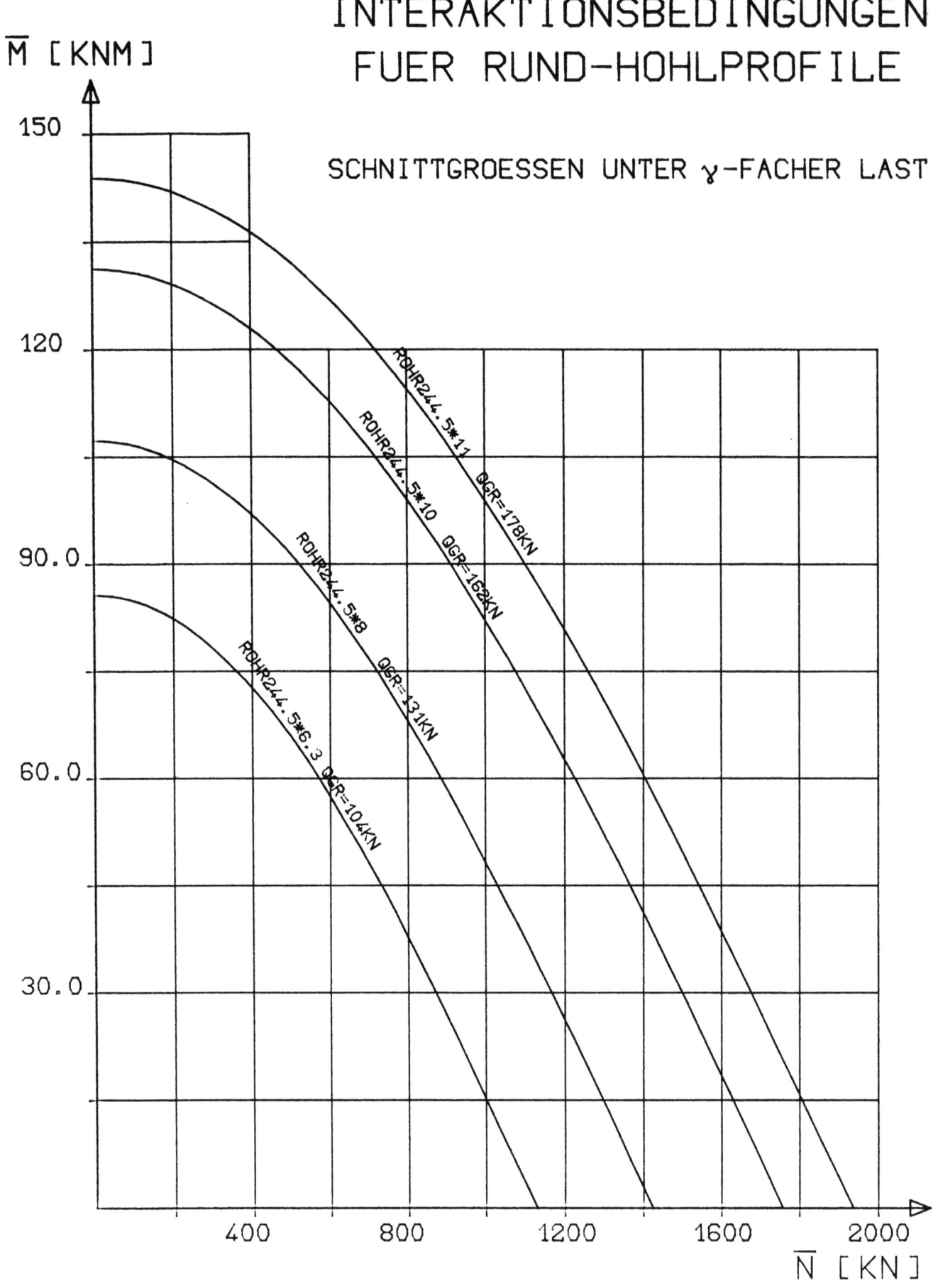

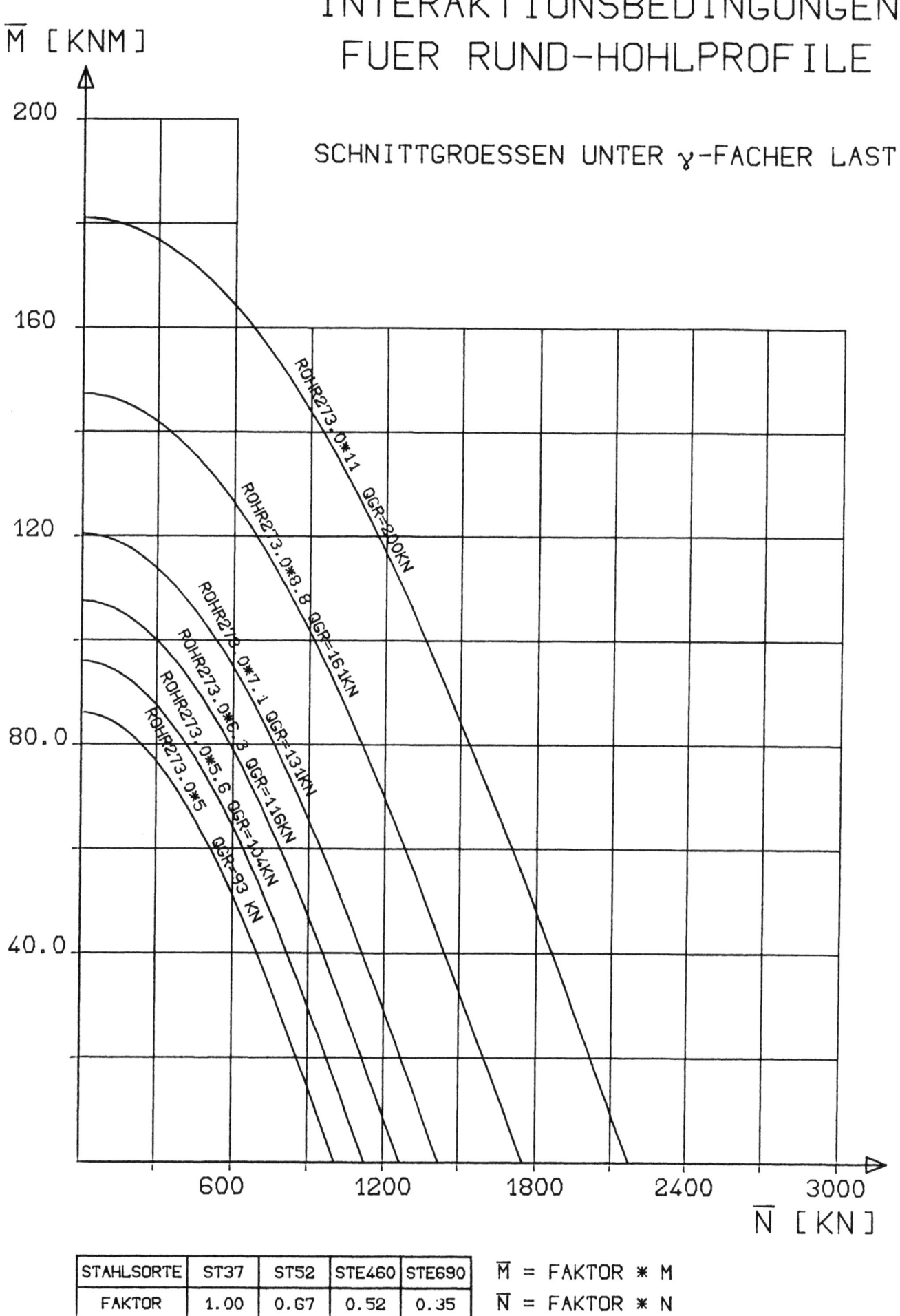

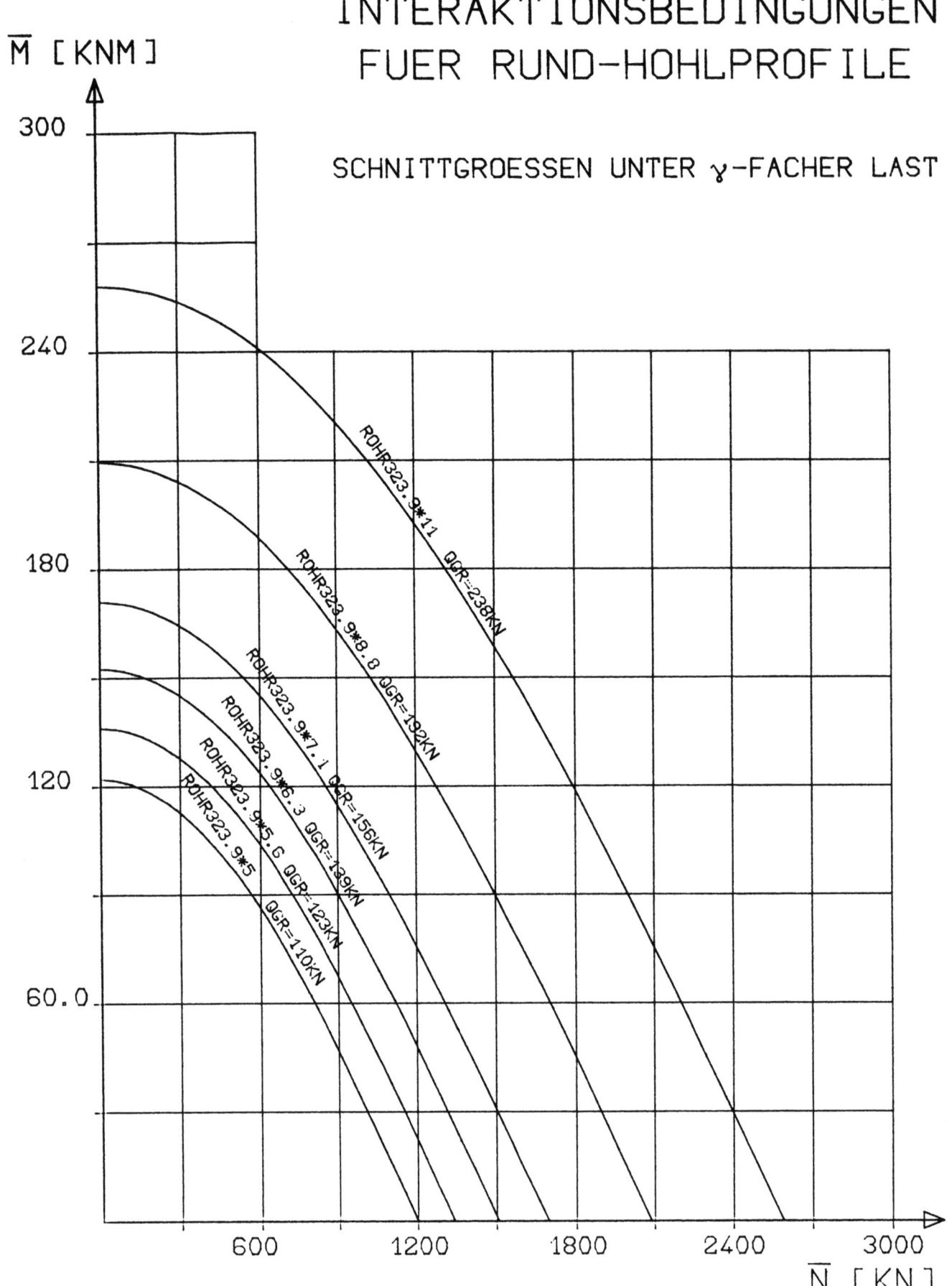

INTERAKTIONSBEDINGUNGEN FUER RUND-HOHLPROFILE

SCHNITTGROESSEN UNTER γ-FACHER LAST

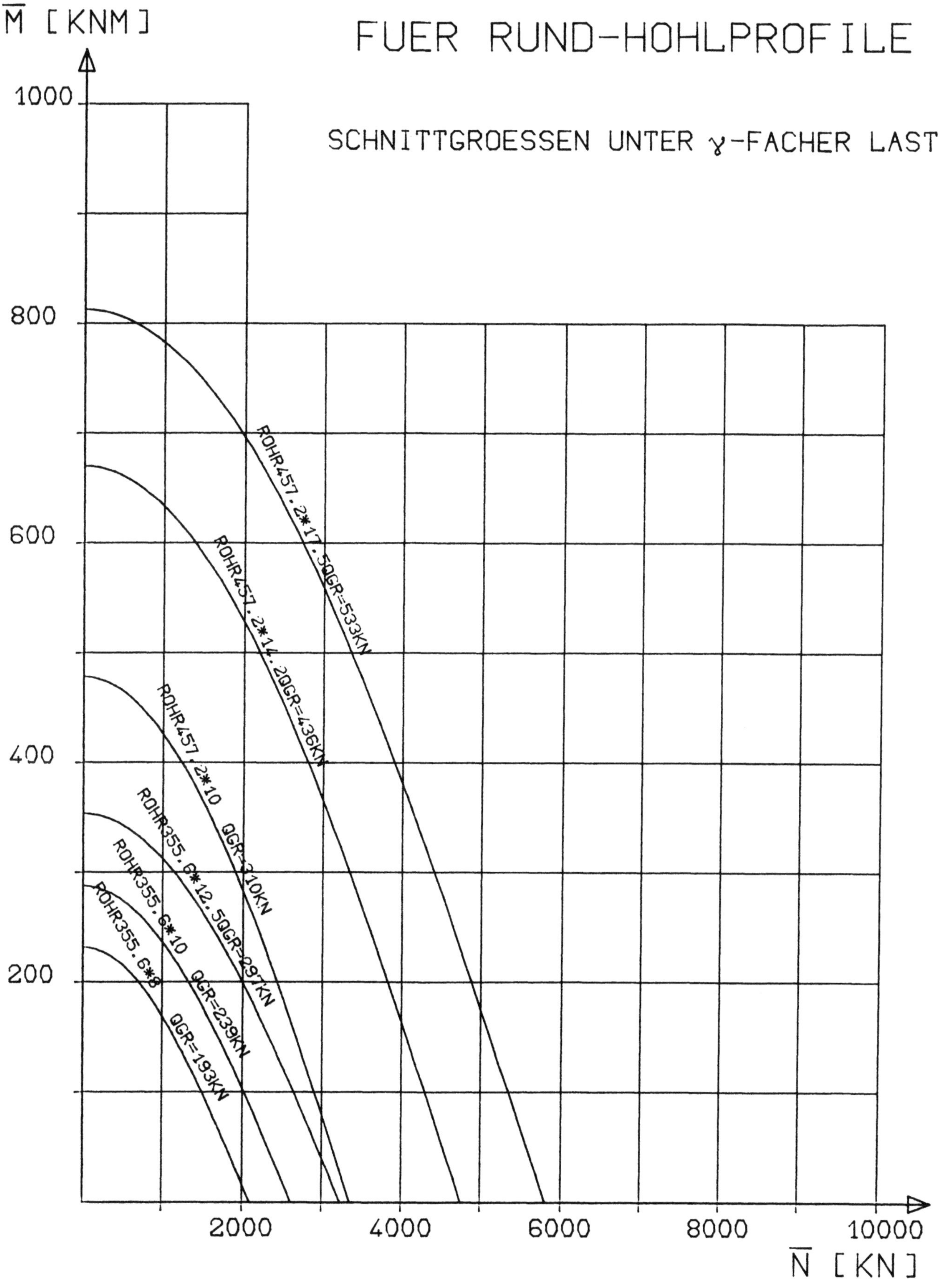

$\overline{M}$ [KNM] vs $\overline{N}$ [KN]

Curves (from outer to inner):
- ROHR457.2*17.5 QGR=533KN
- ROHR457.2*14.2 QGR=436KN
- ROHR457.2*10 QGR=310KN
- ROHR355.6*12.5 QGR=297KN
- ROHR355.6*10 QGR=239KN
- ROHR355.6*8 QGR=193KN

STAHLSORTE	ST37	ST52	STE460	STE690
FAKTOR	1.00	0.67	0.52	0.35

$\overline{M}$ = FAKTOR * M
$\overline{N}$ = FAKTOR * N
$\overline{Q}$ = FAKTOR * Q <= QGR

59

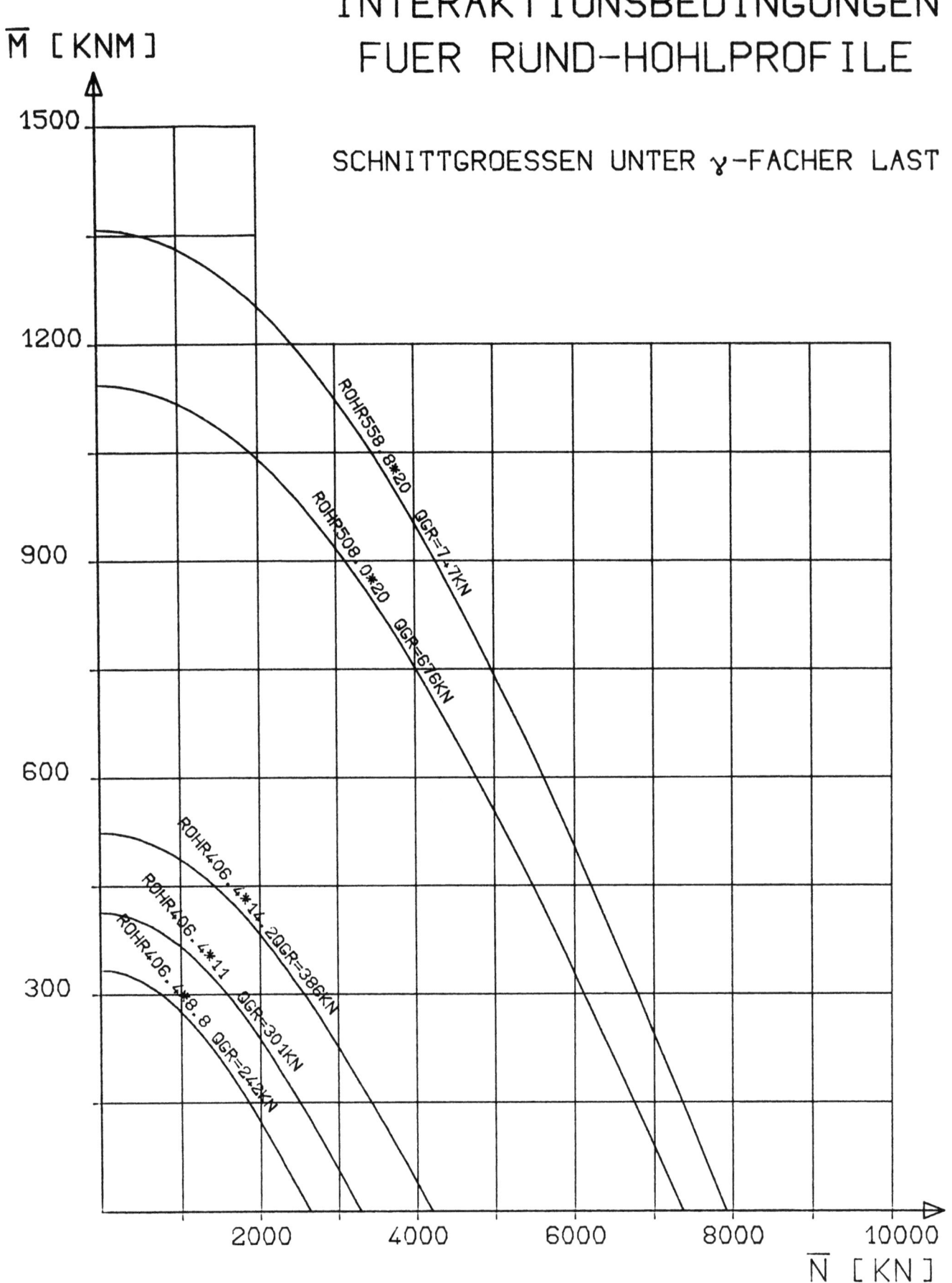

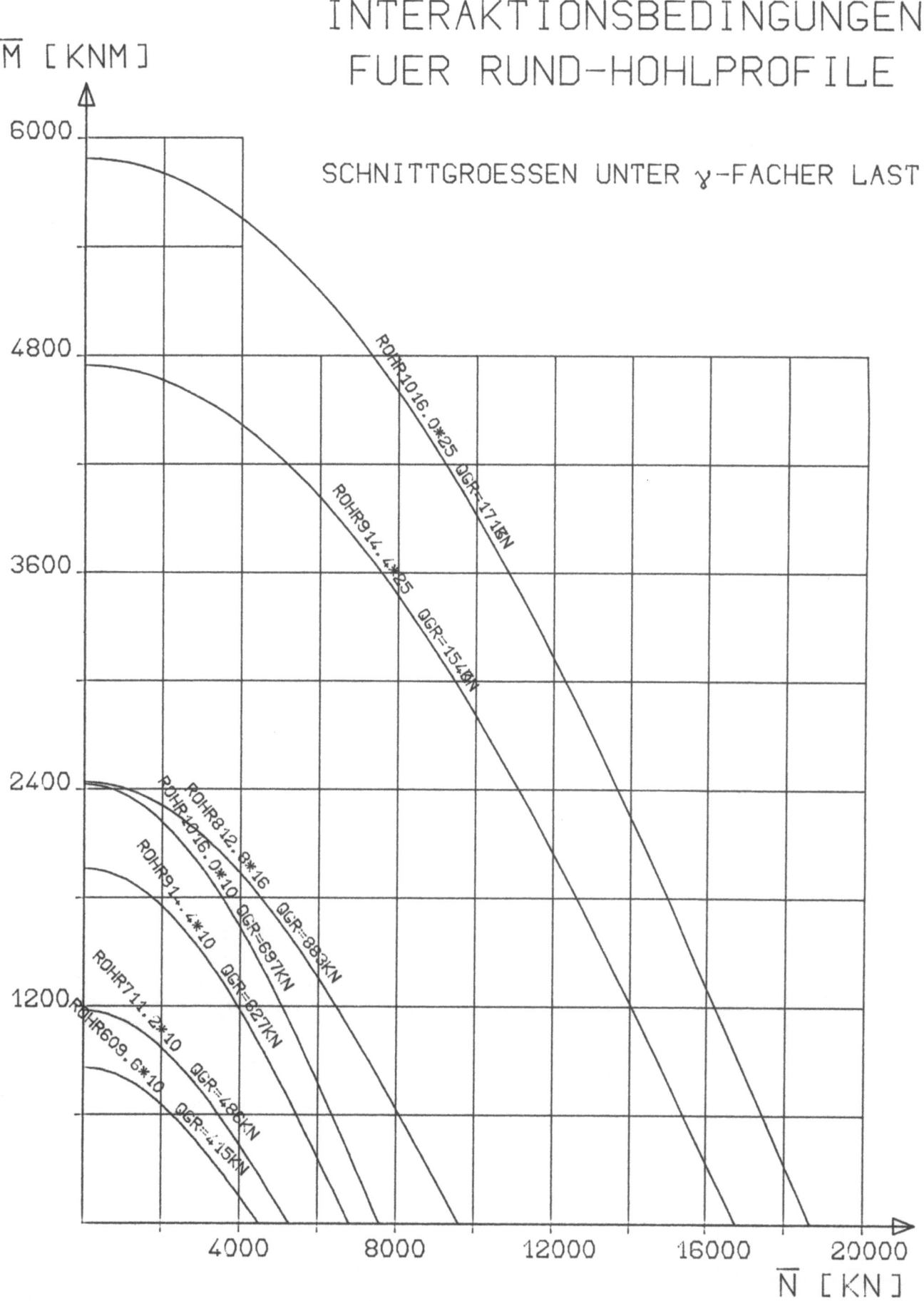

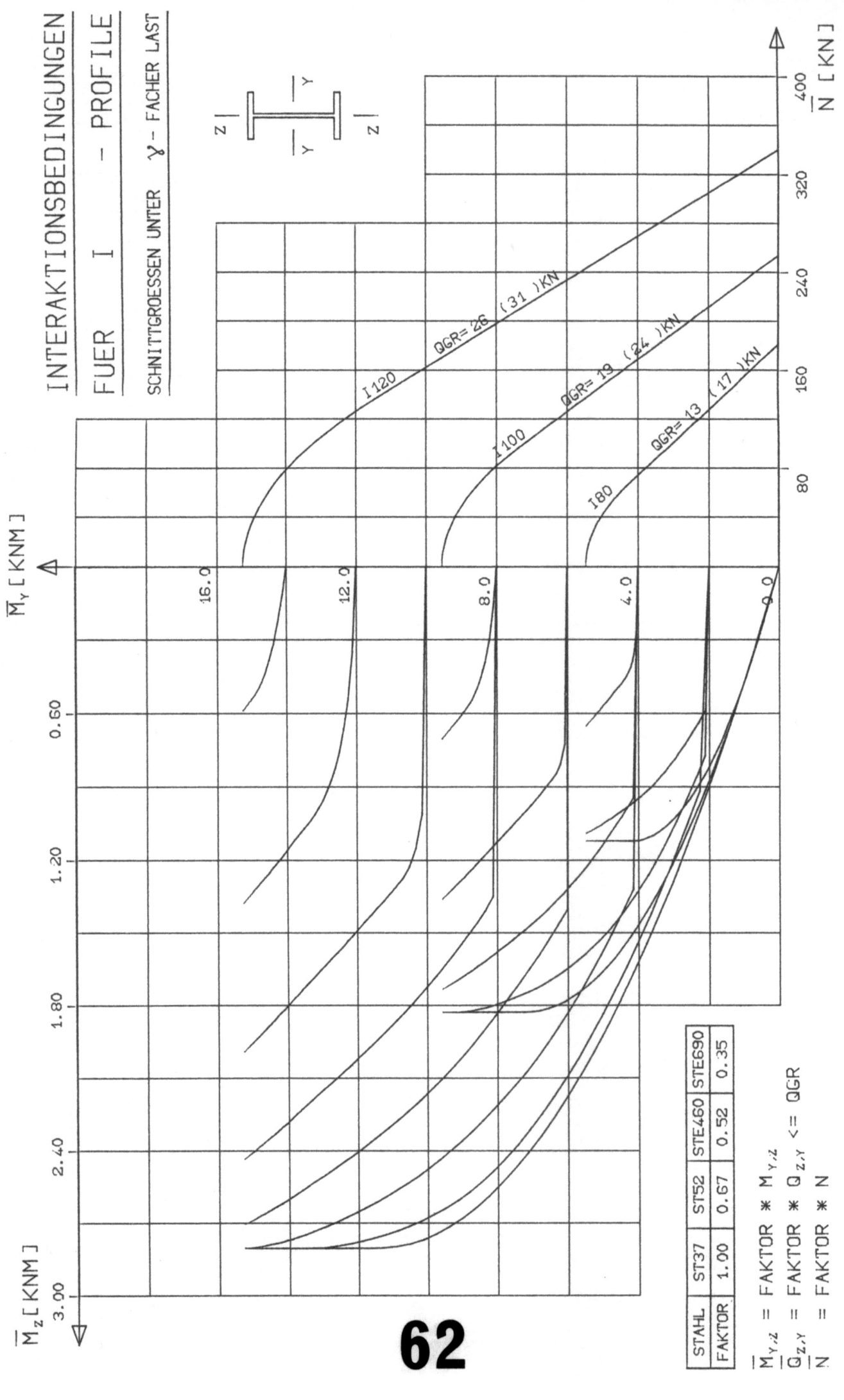

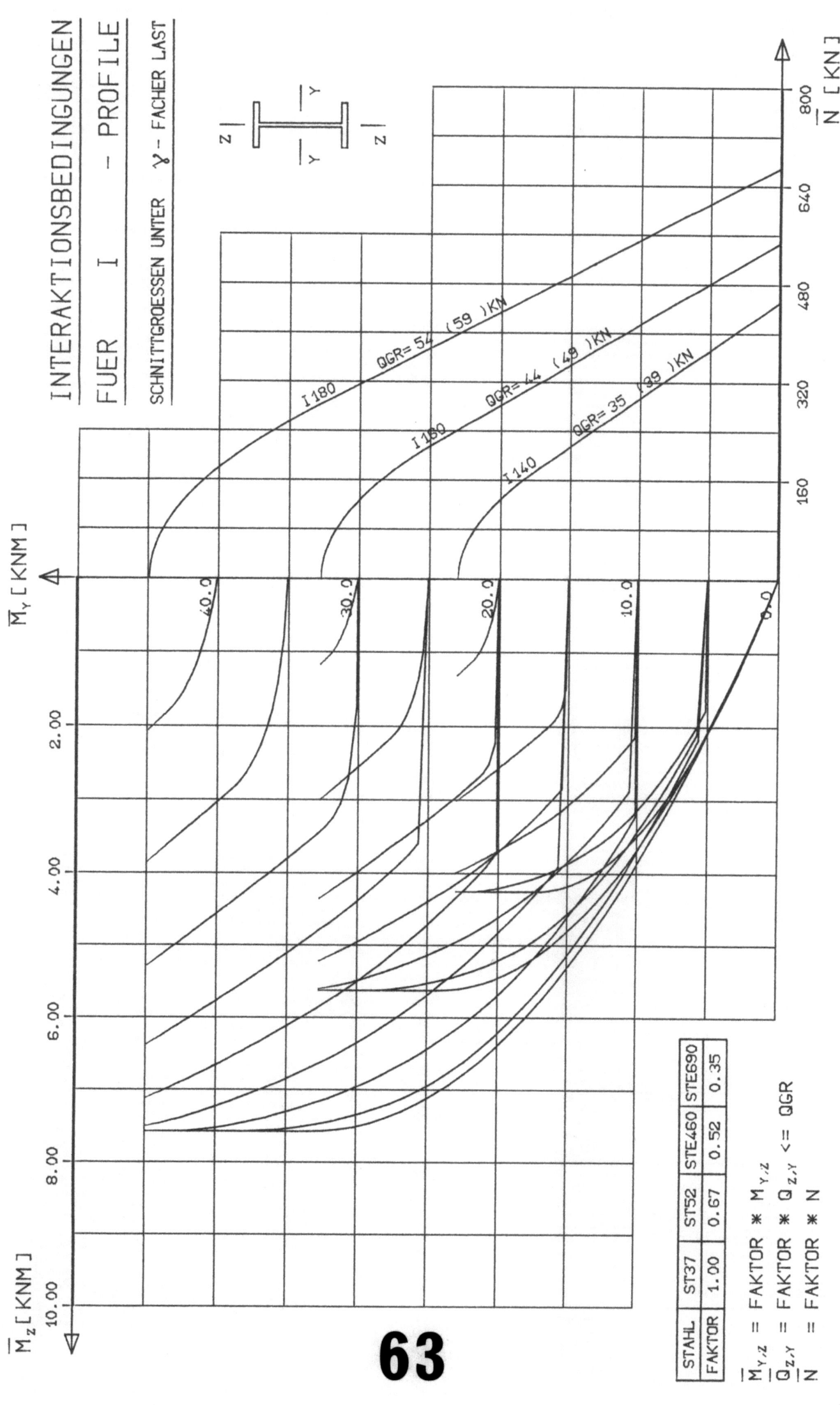

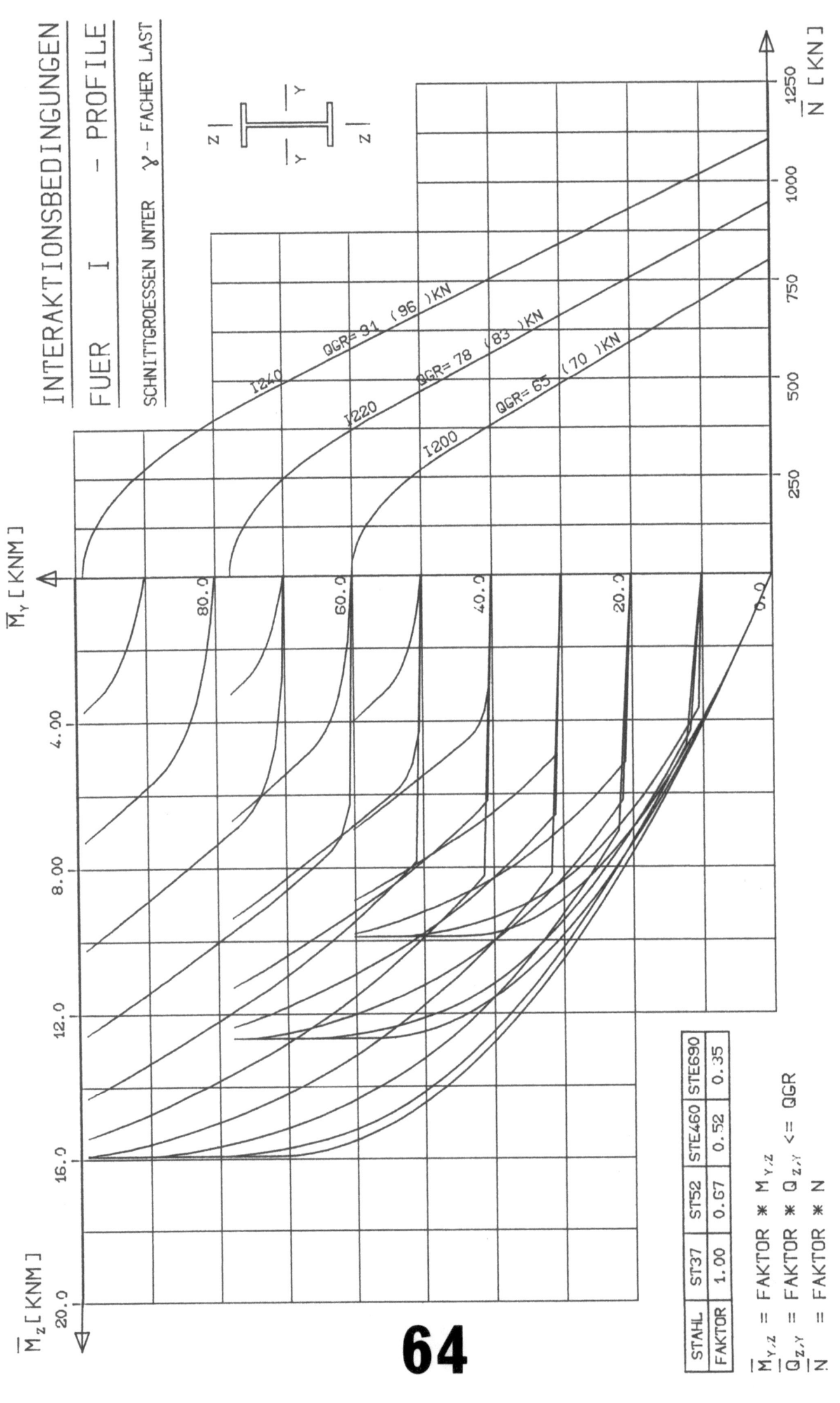

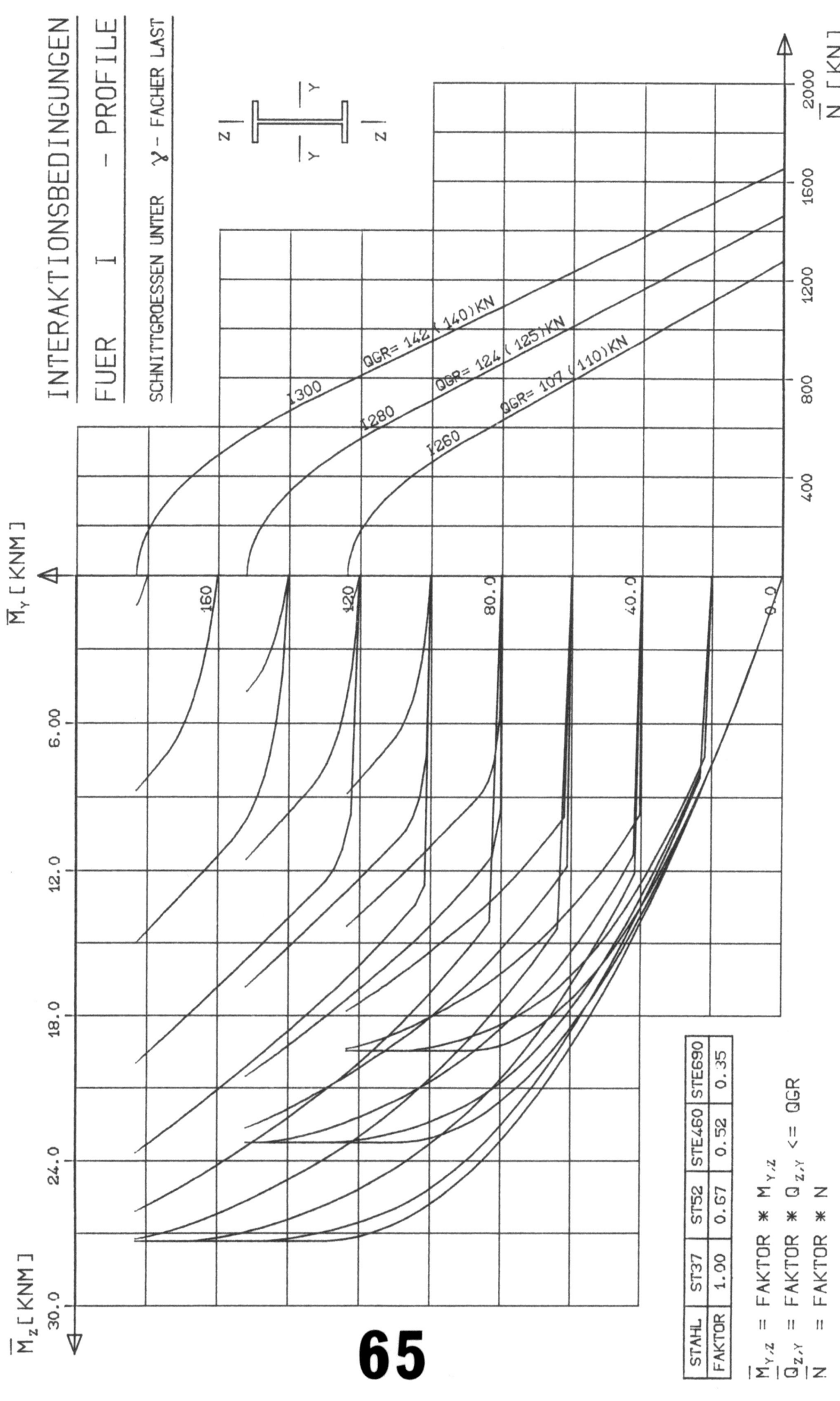

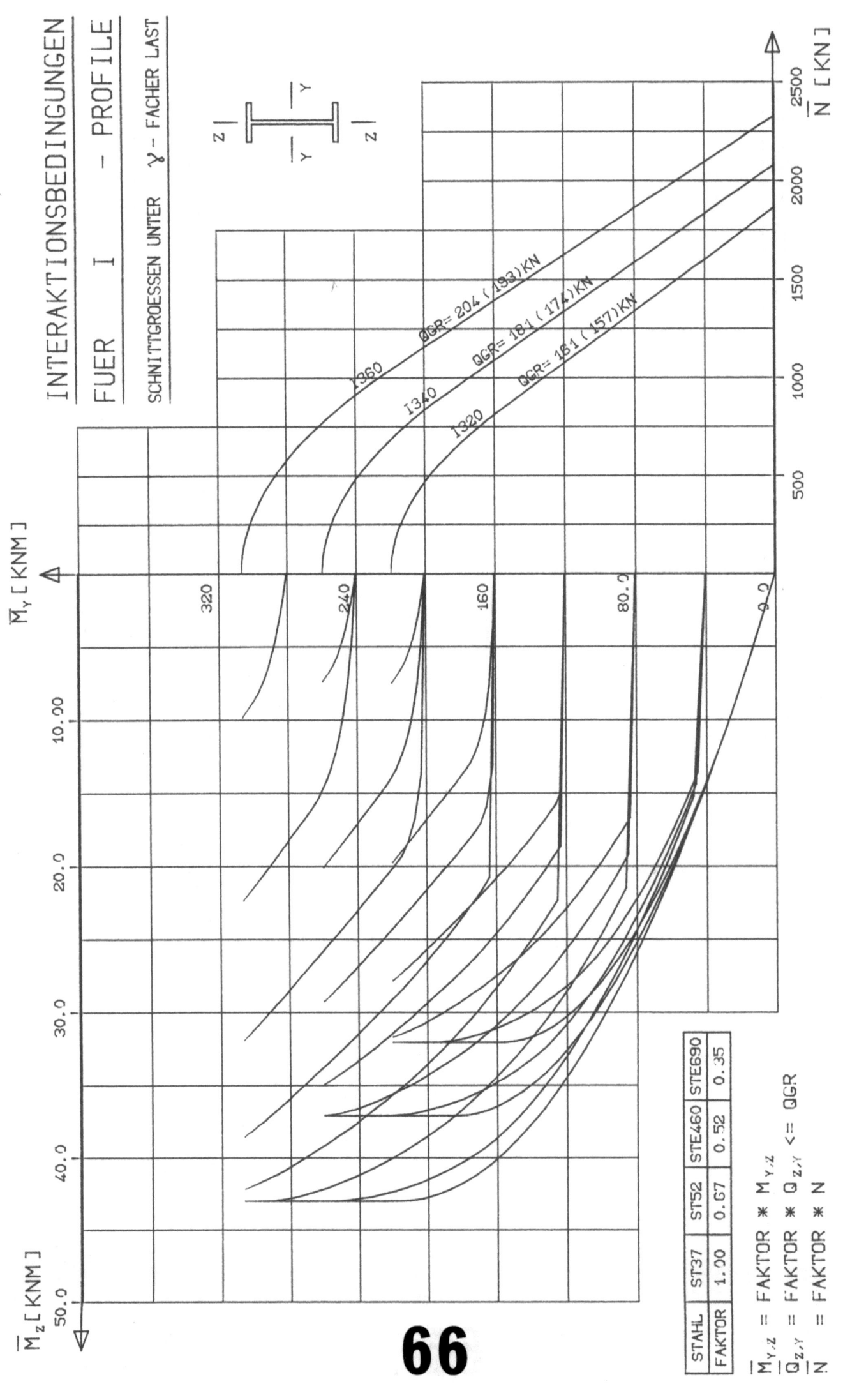

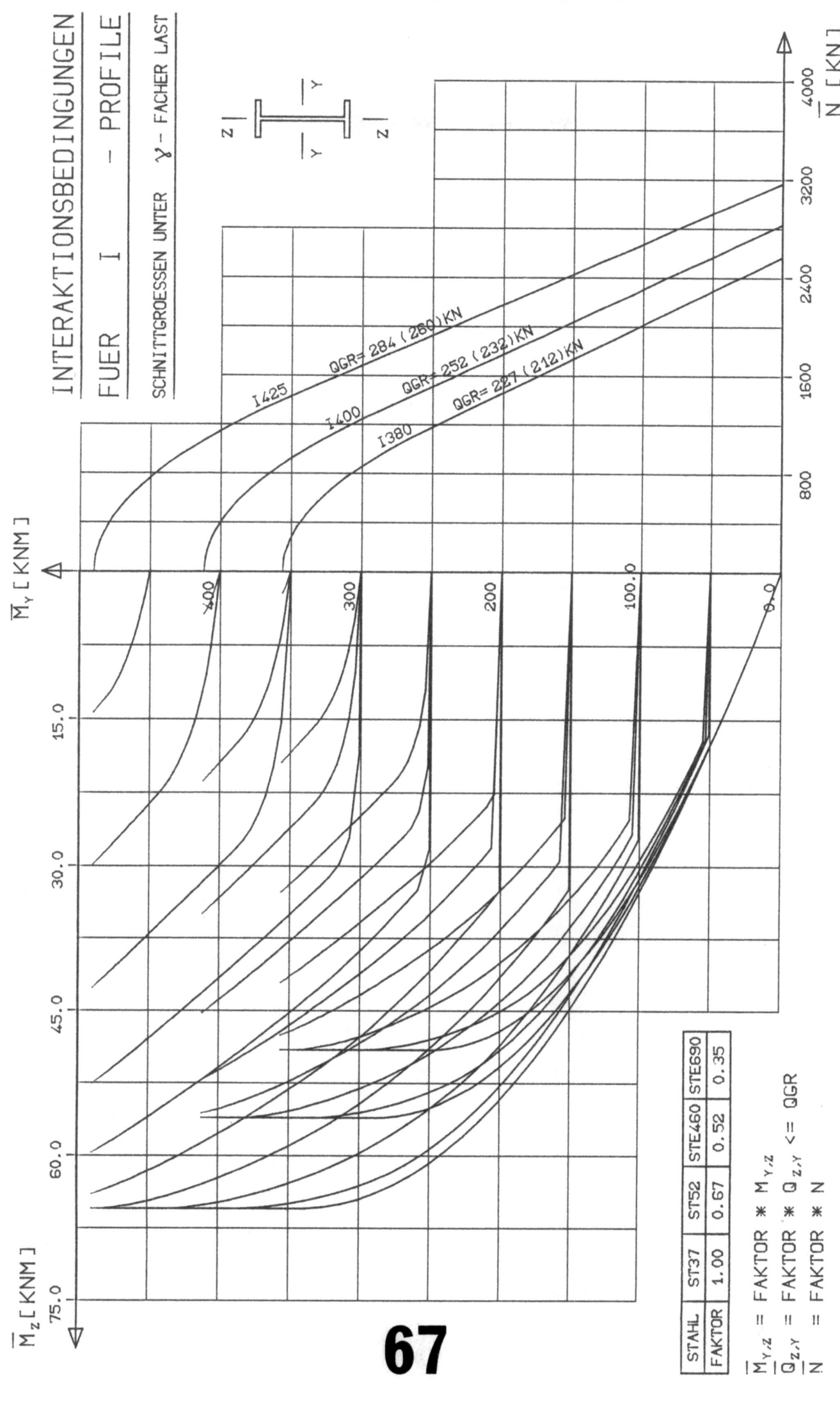

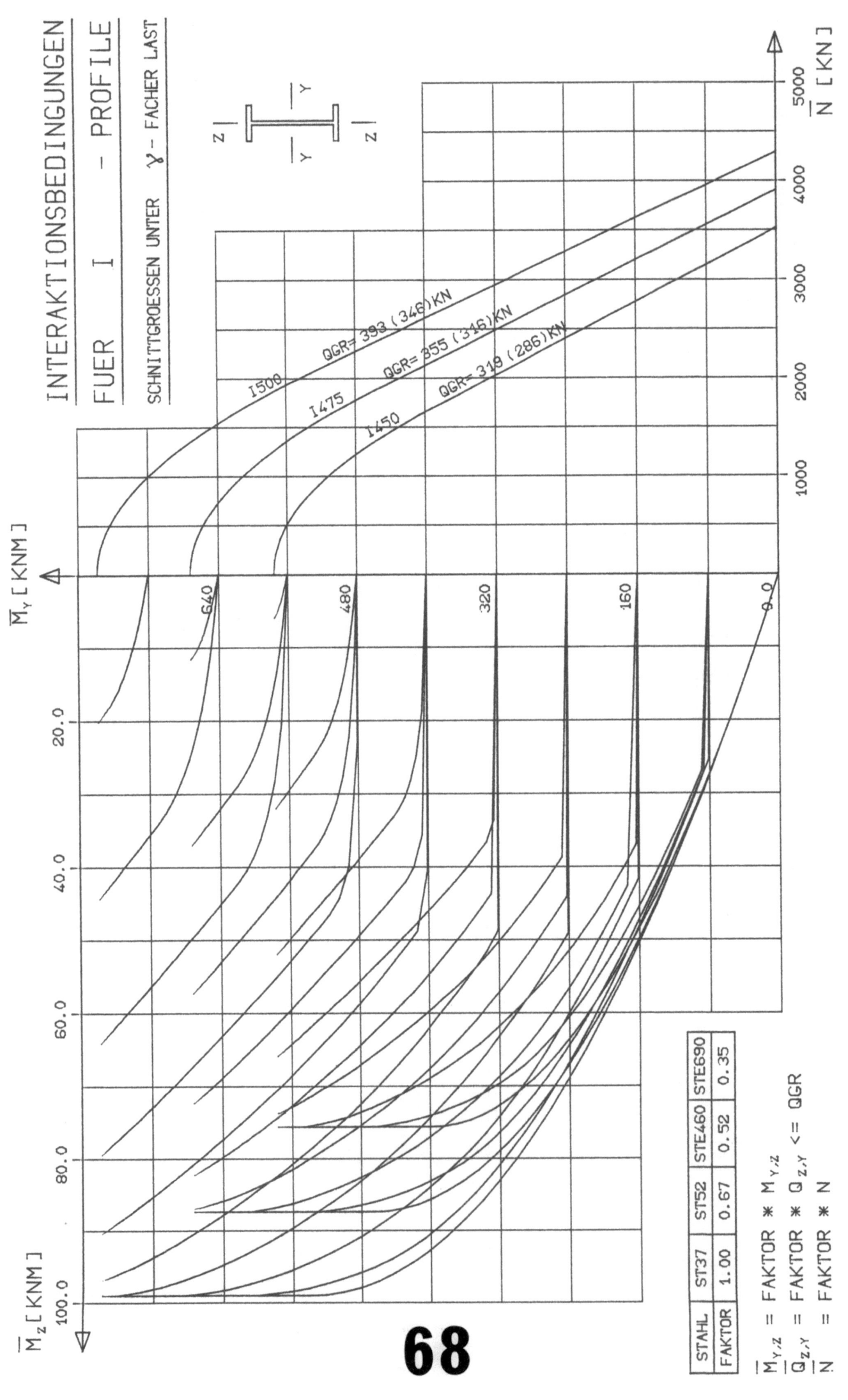

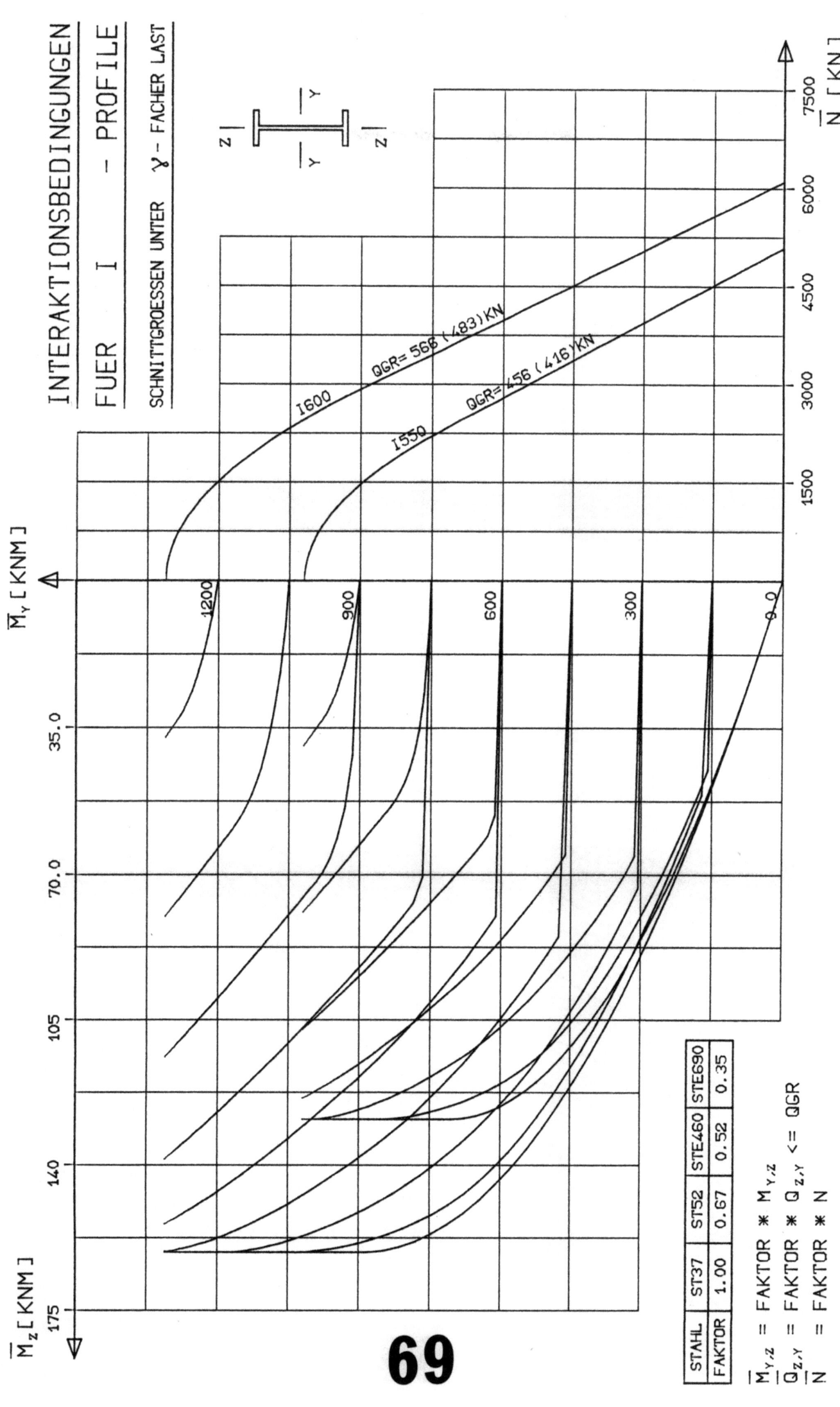

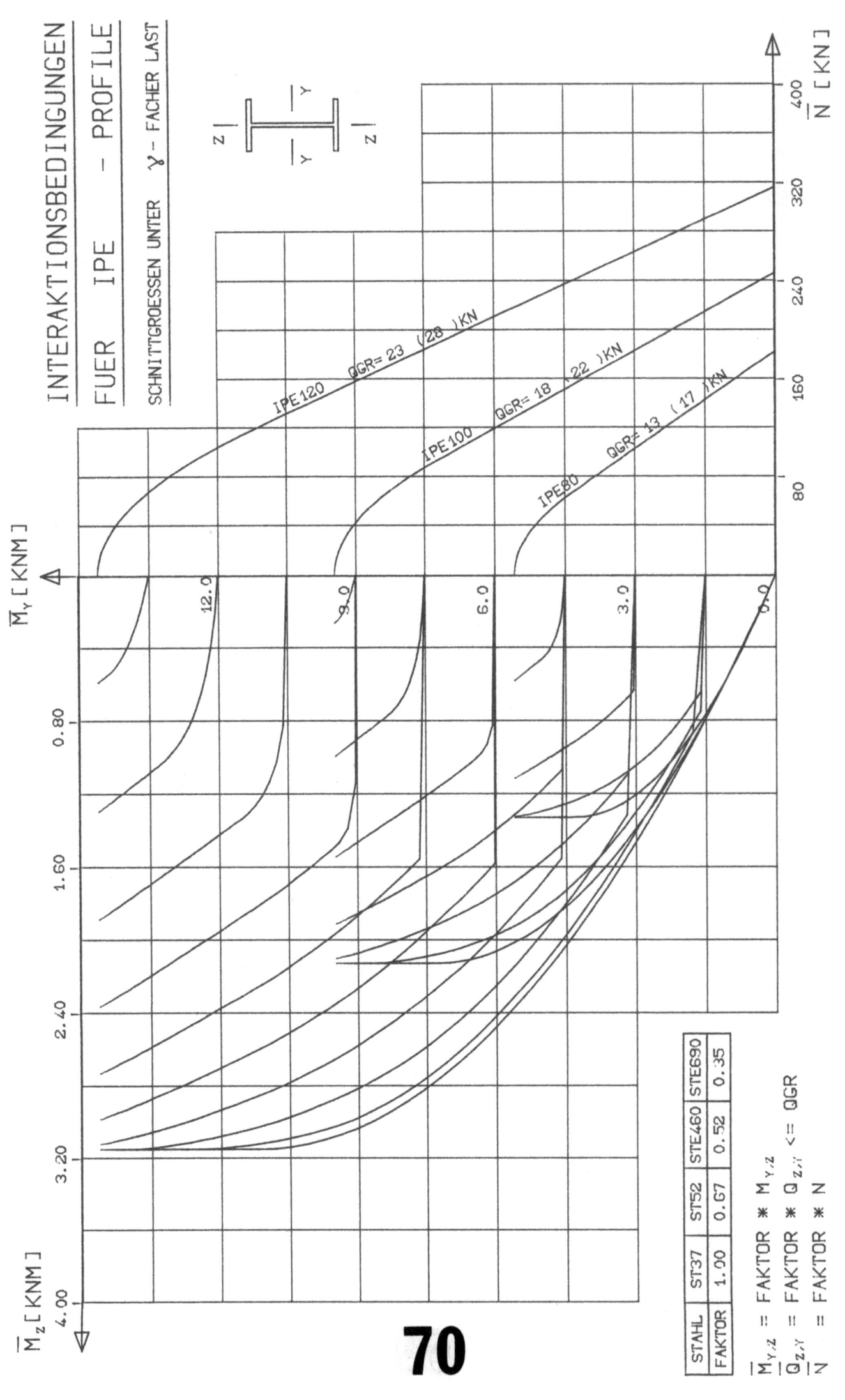

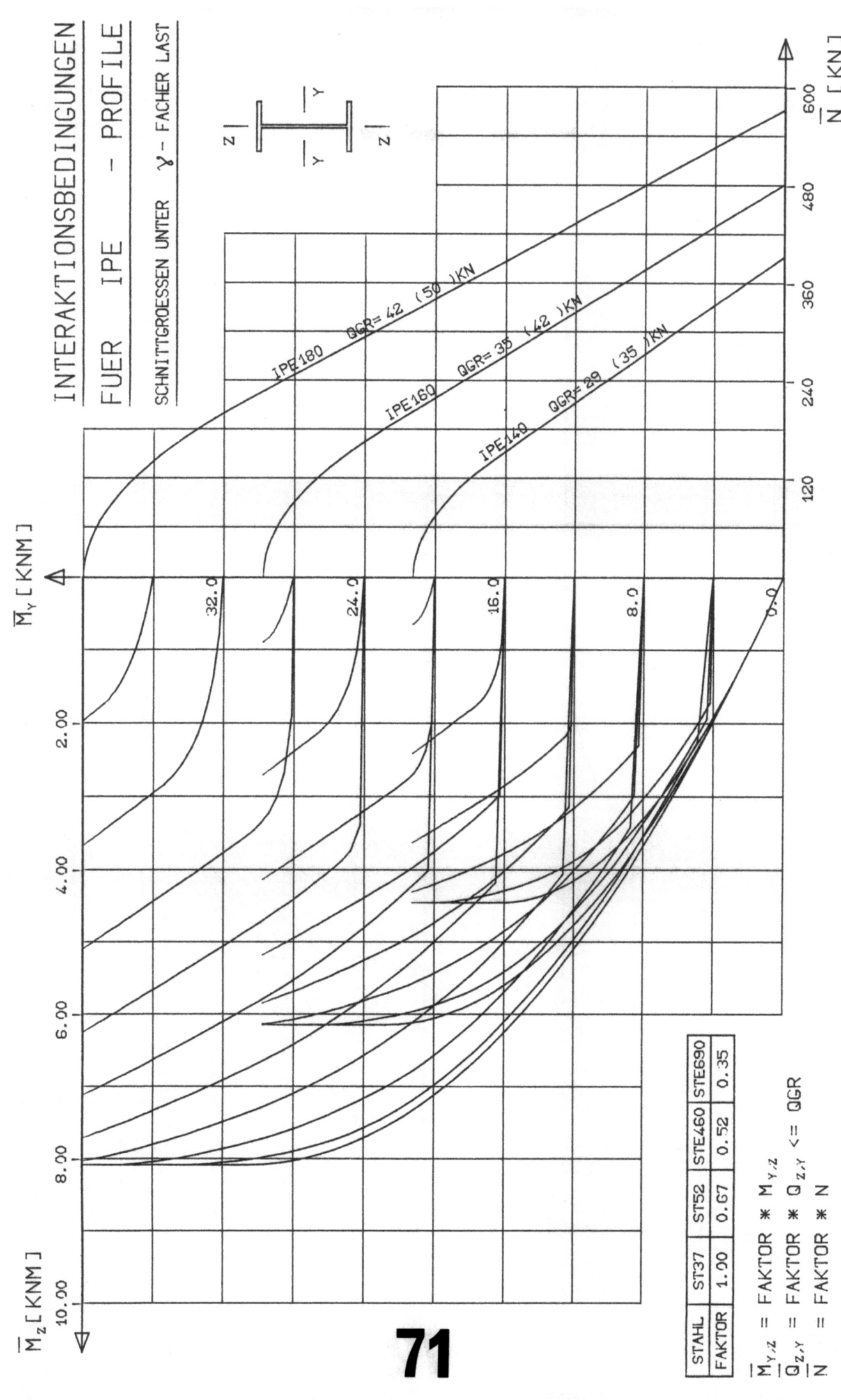

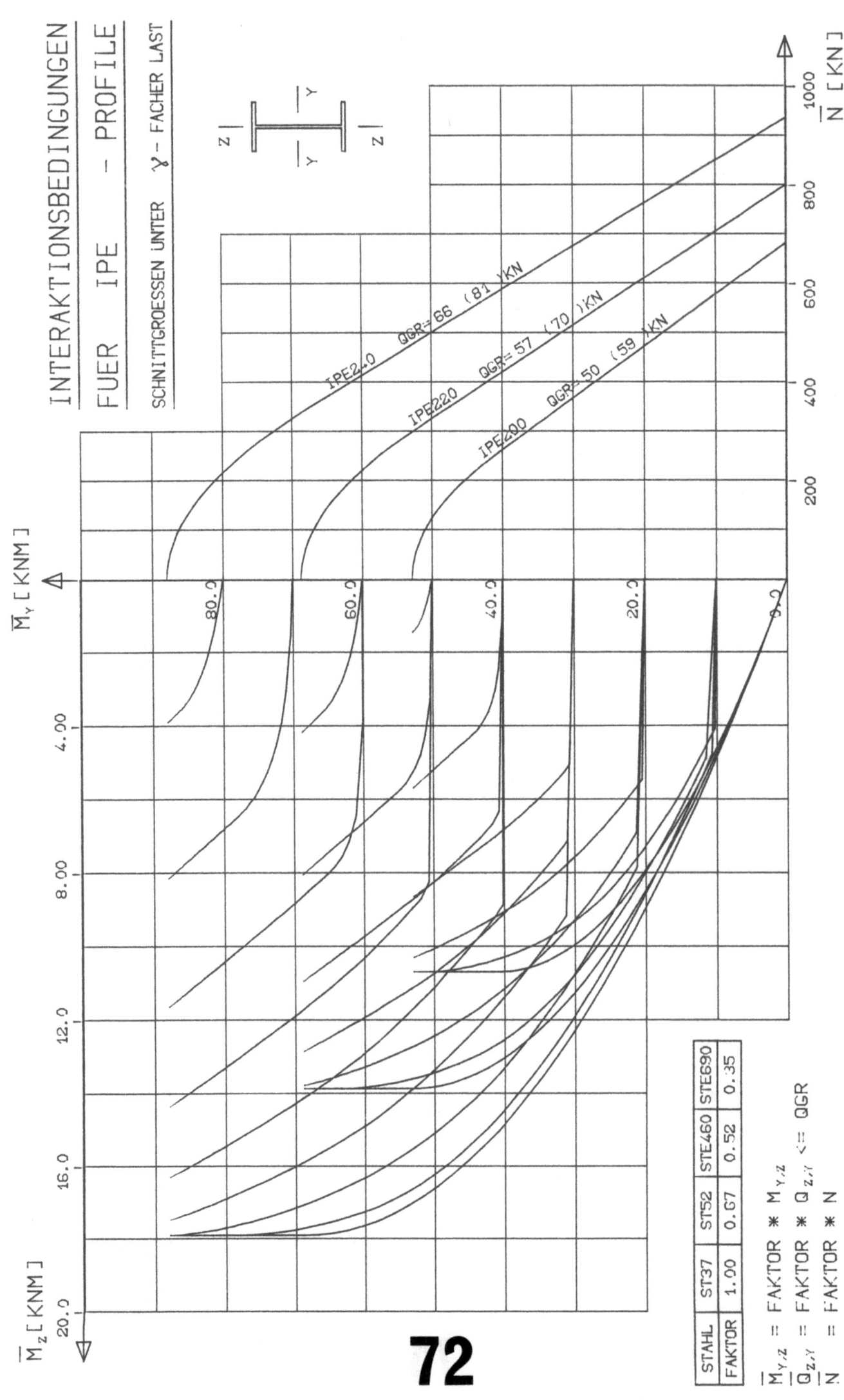

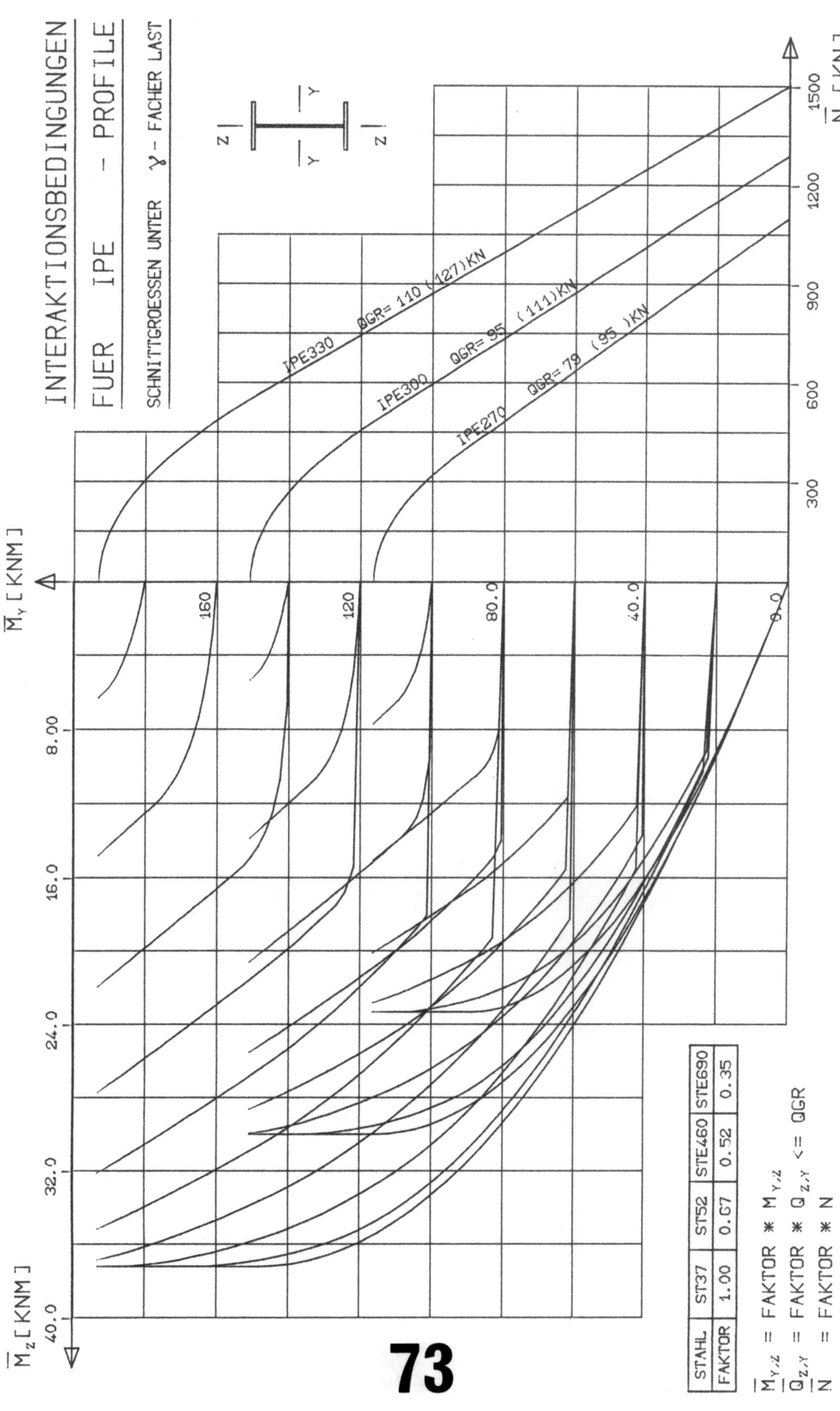

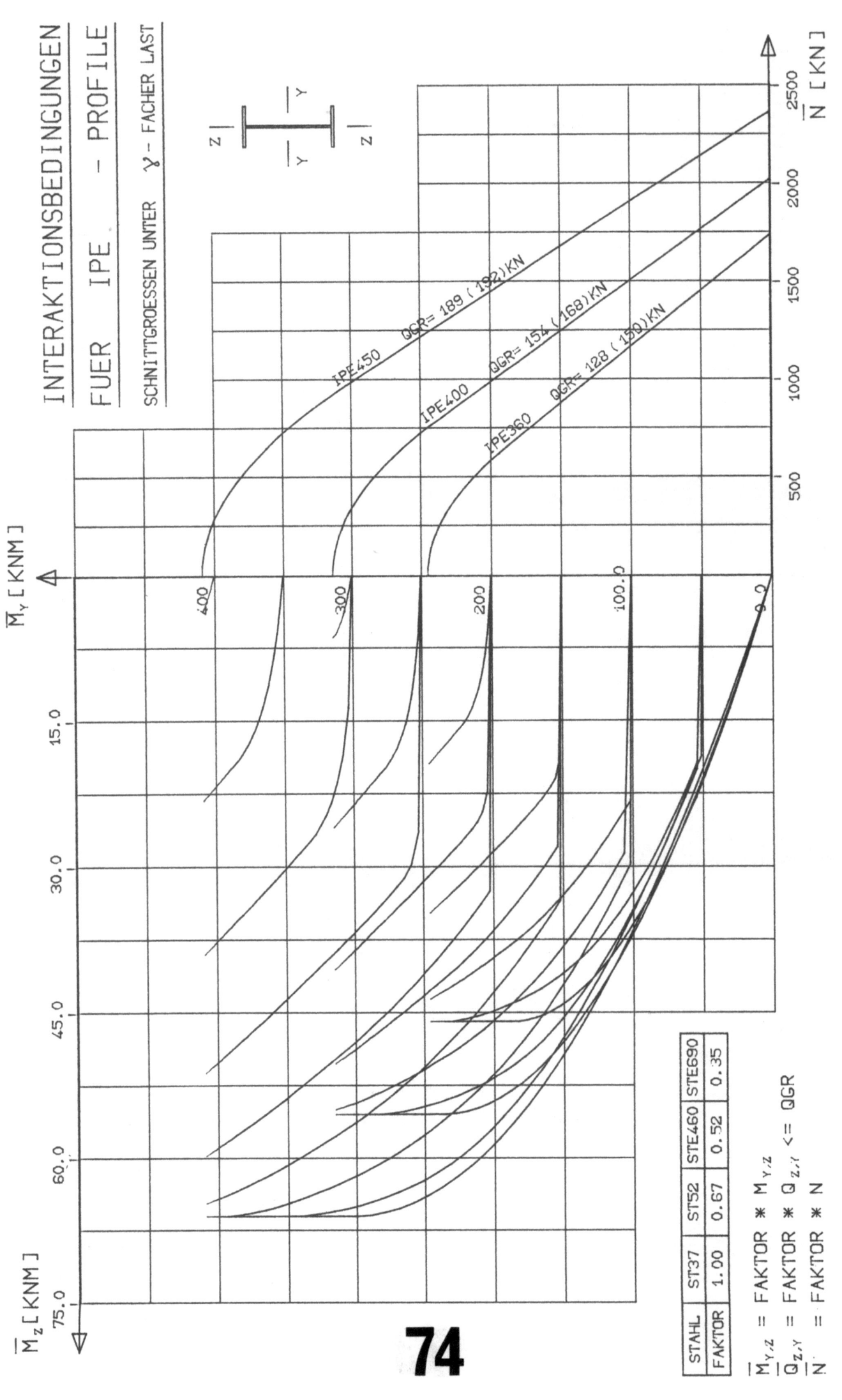

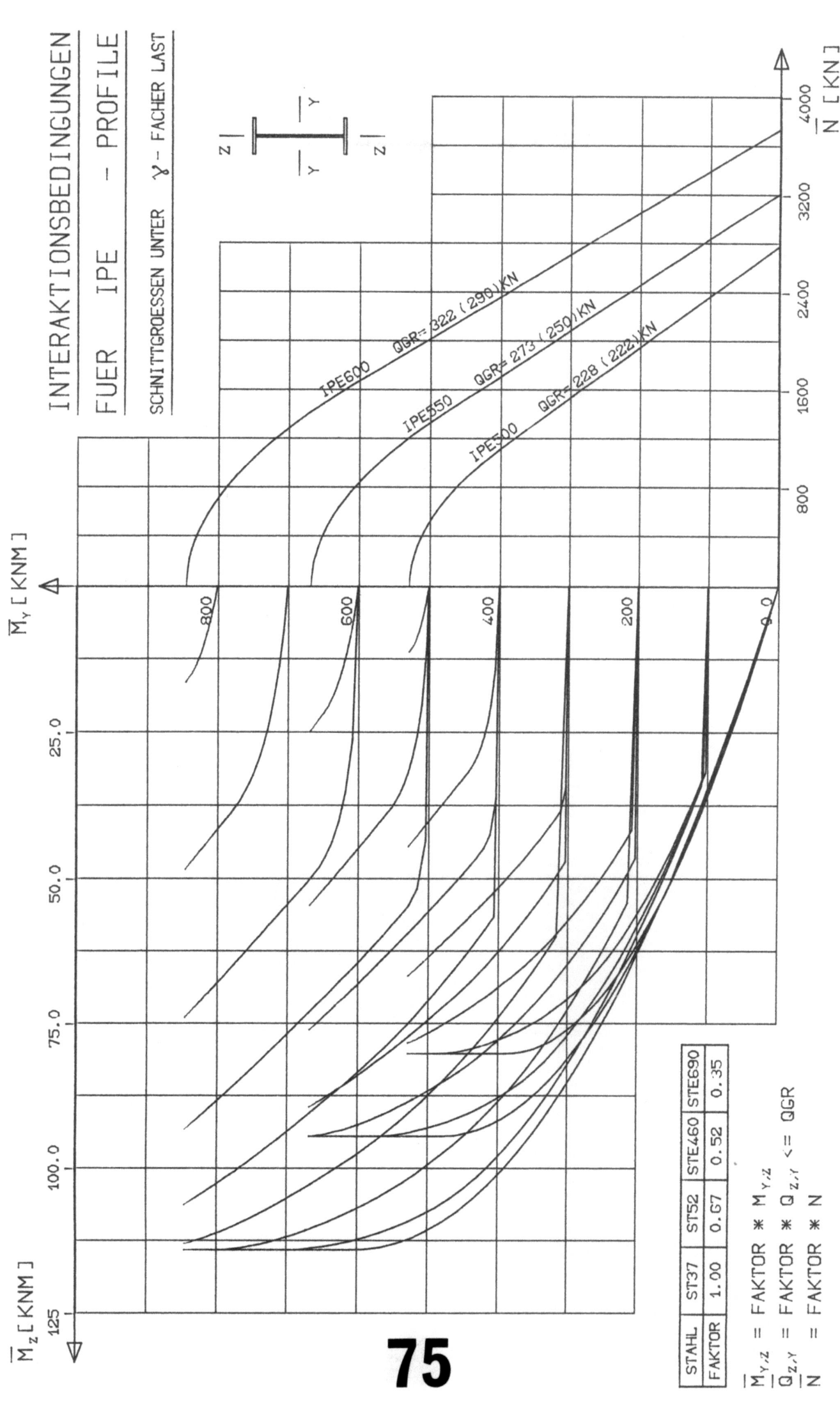

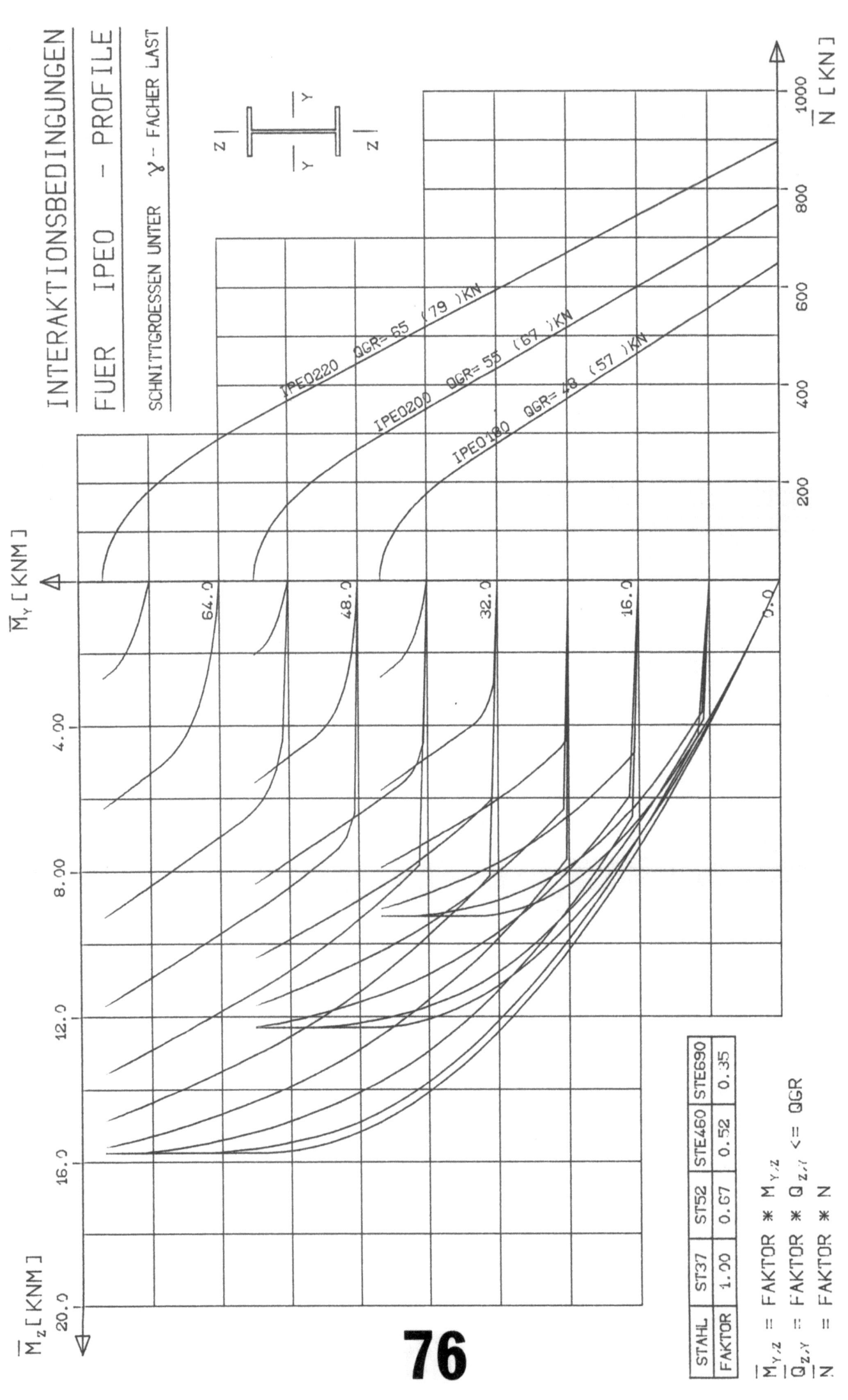

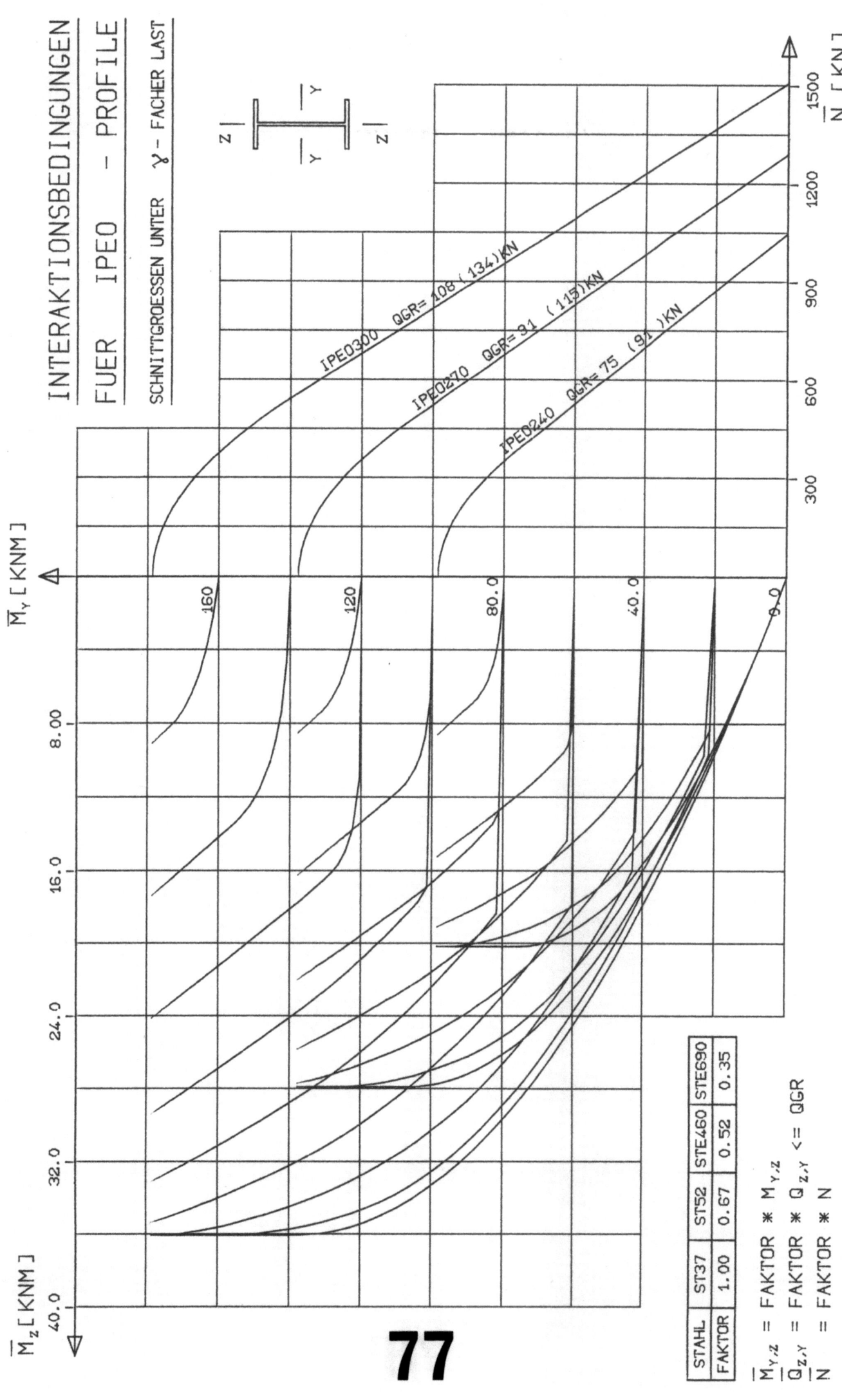

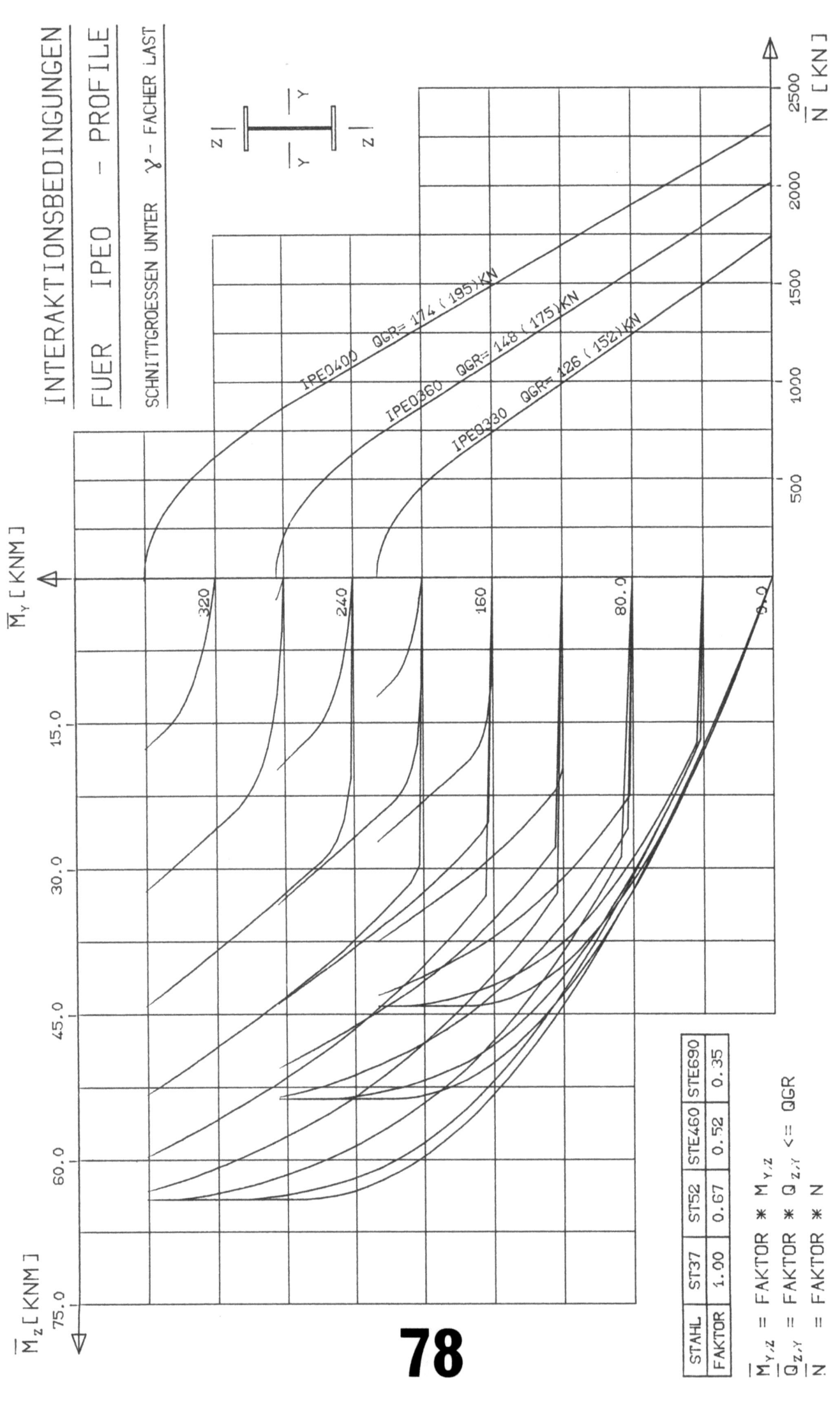

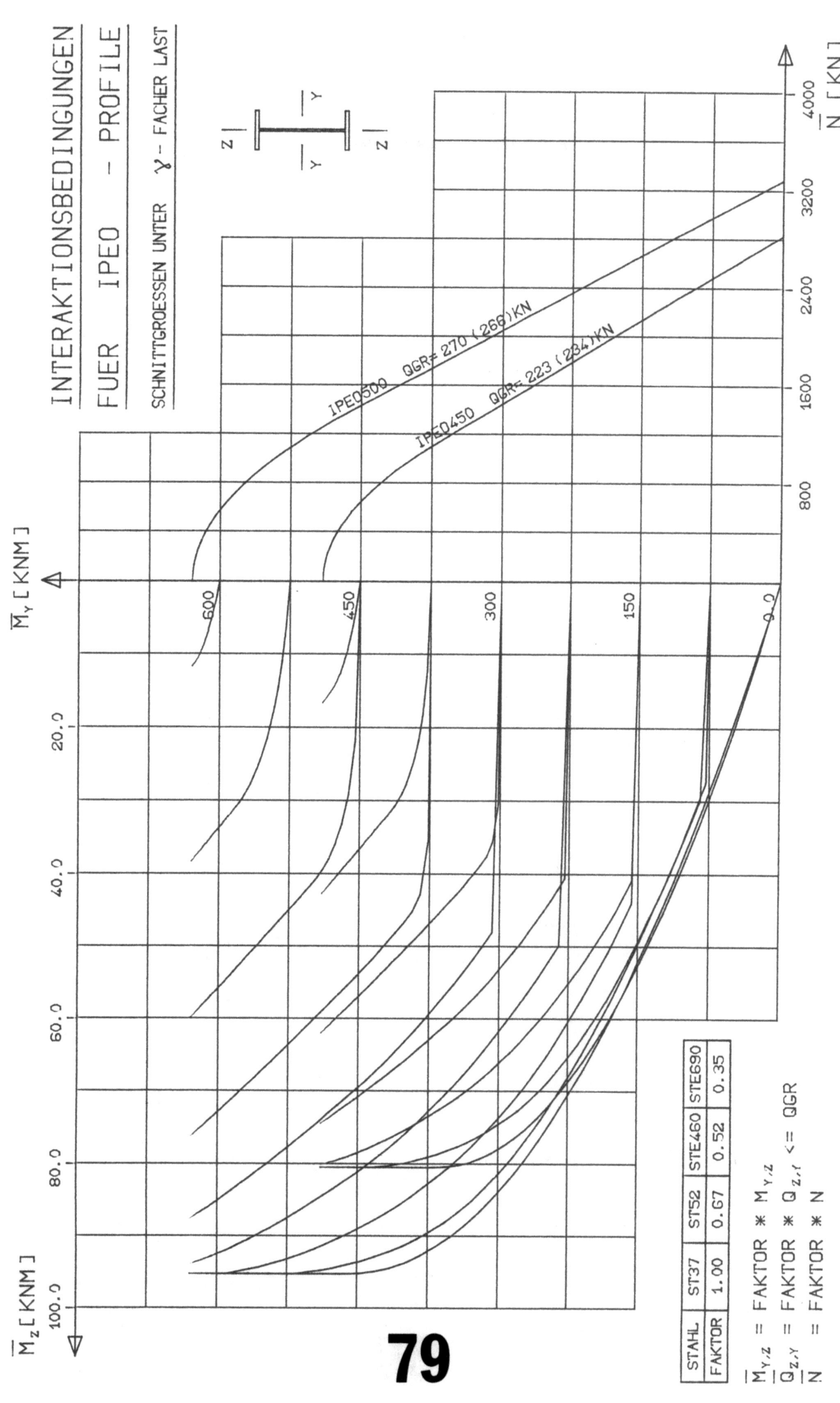

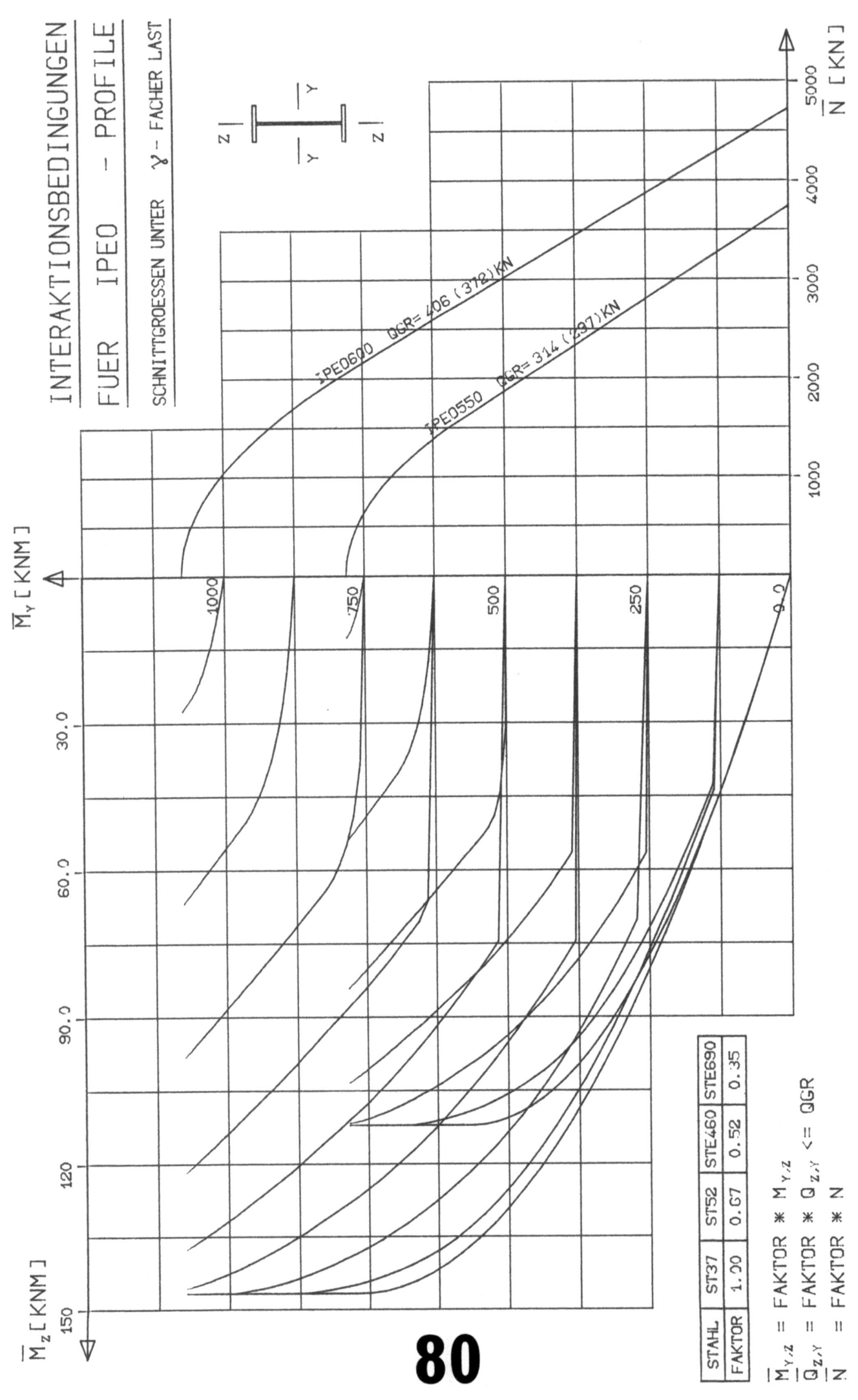

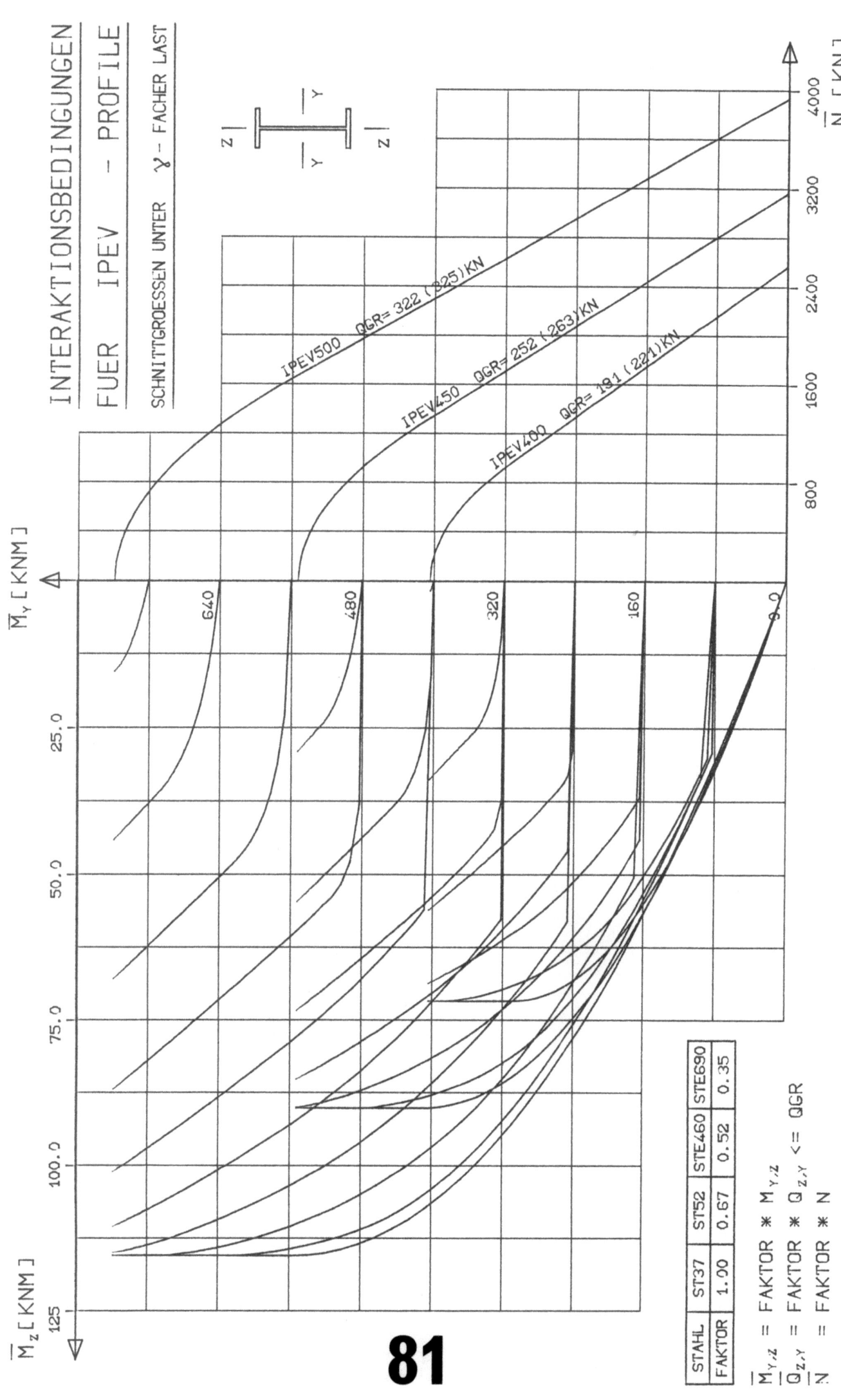

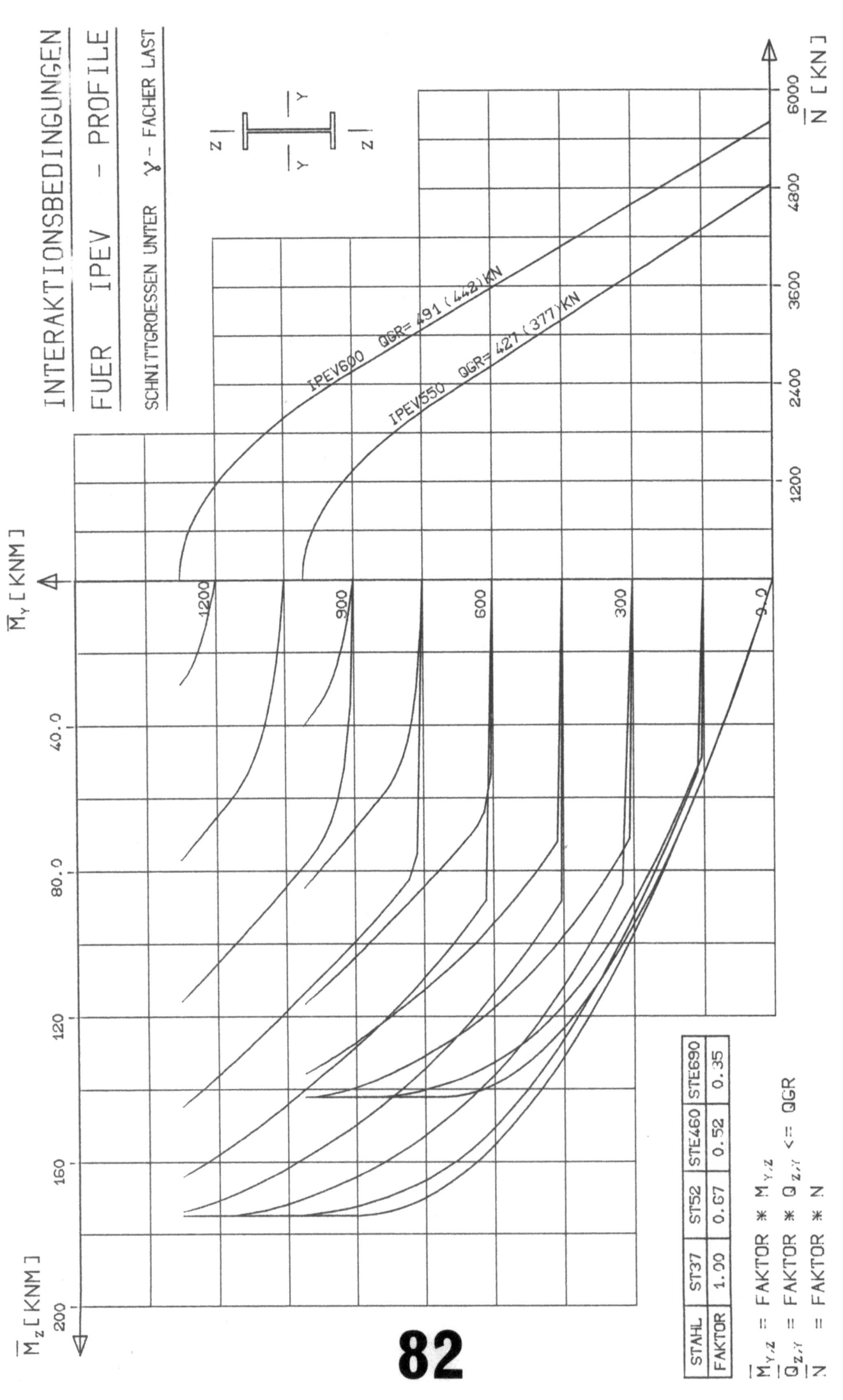

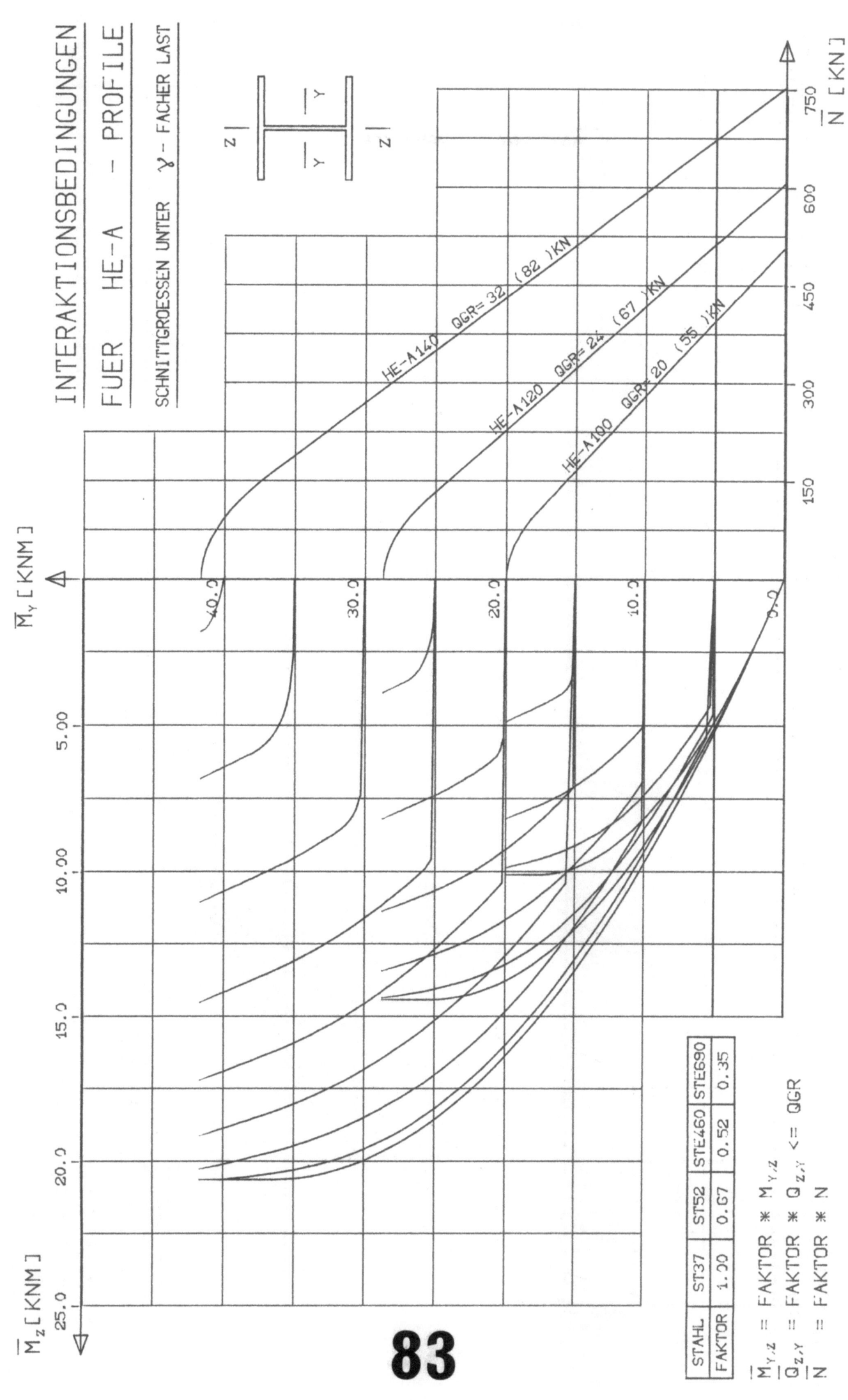

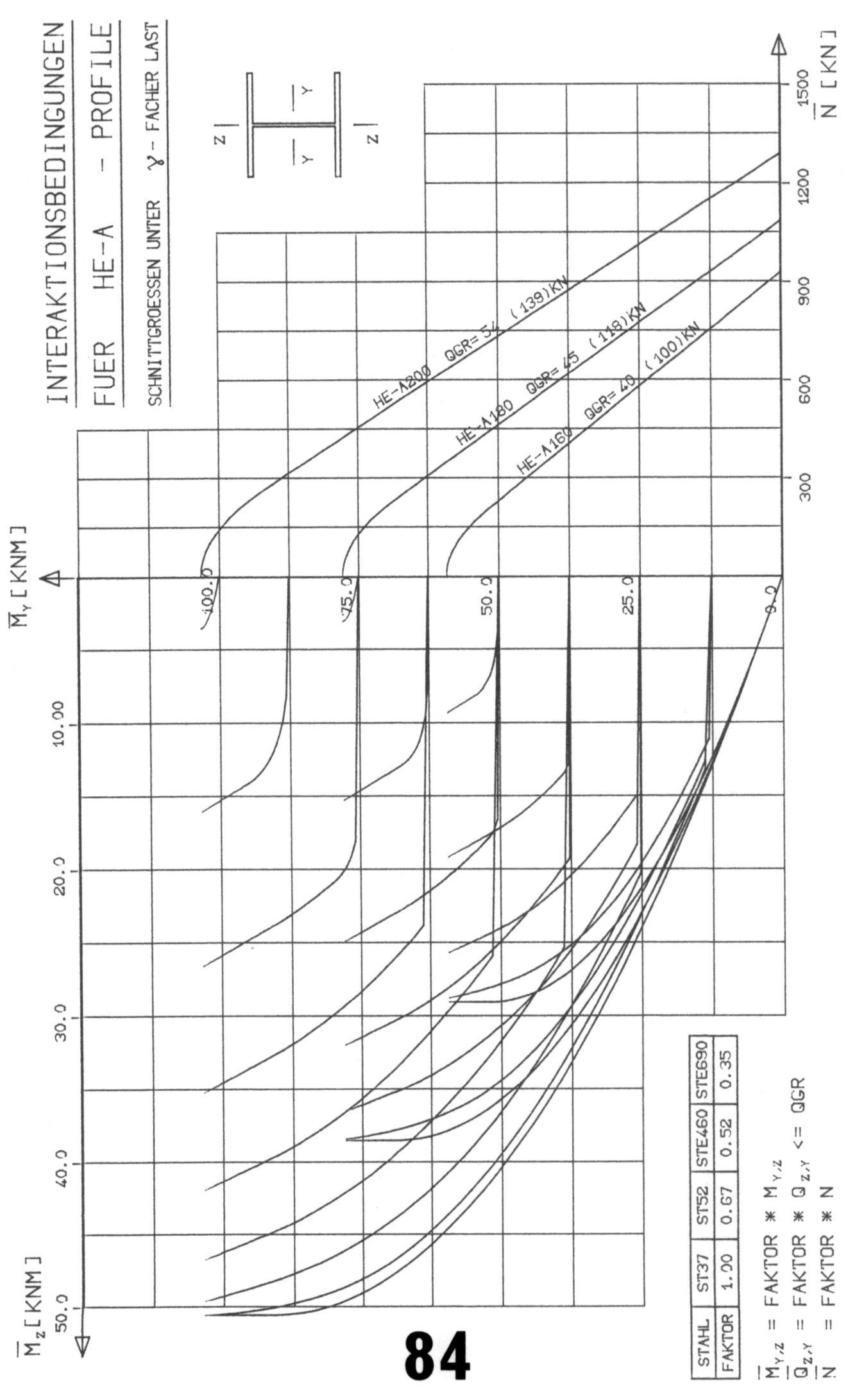

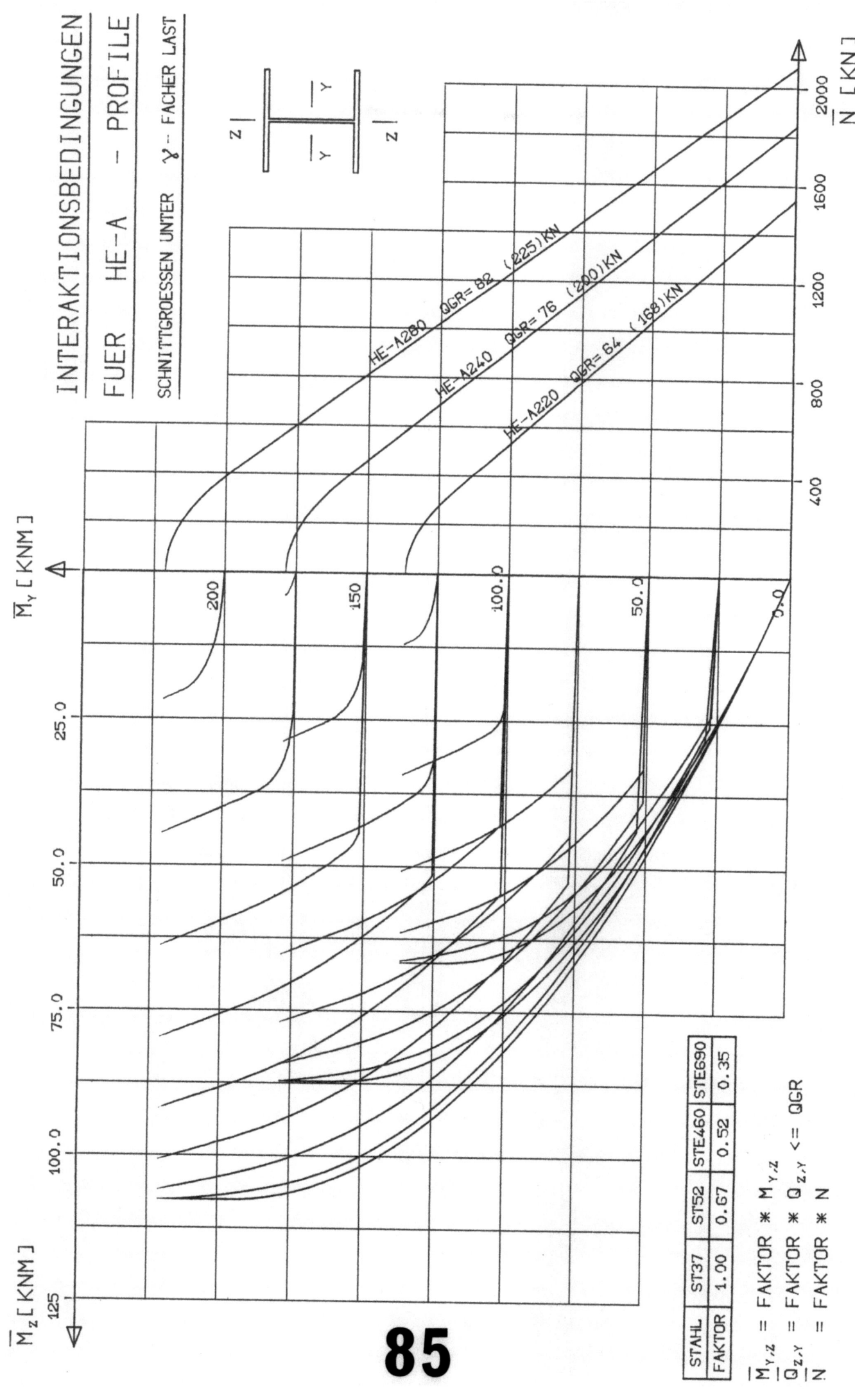

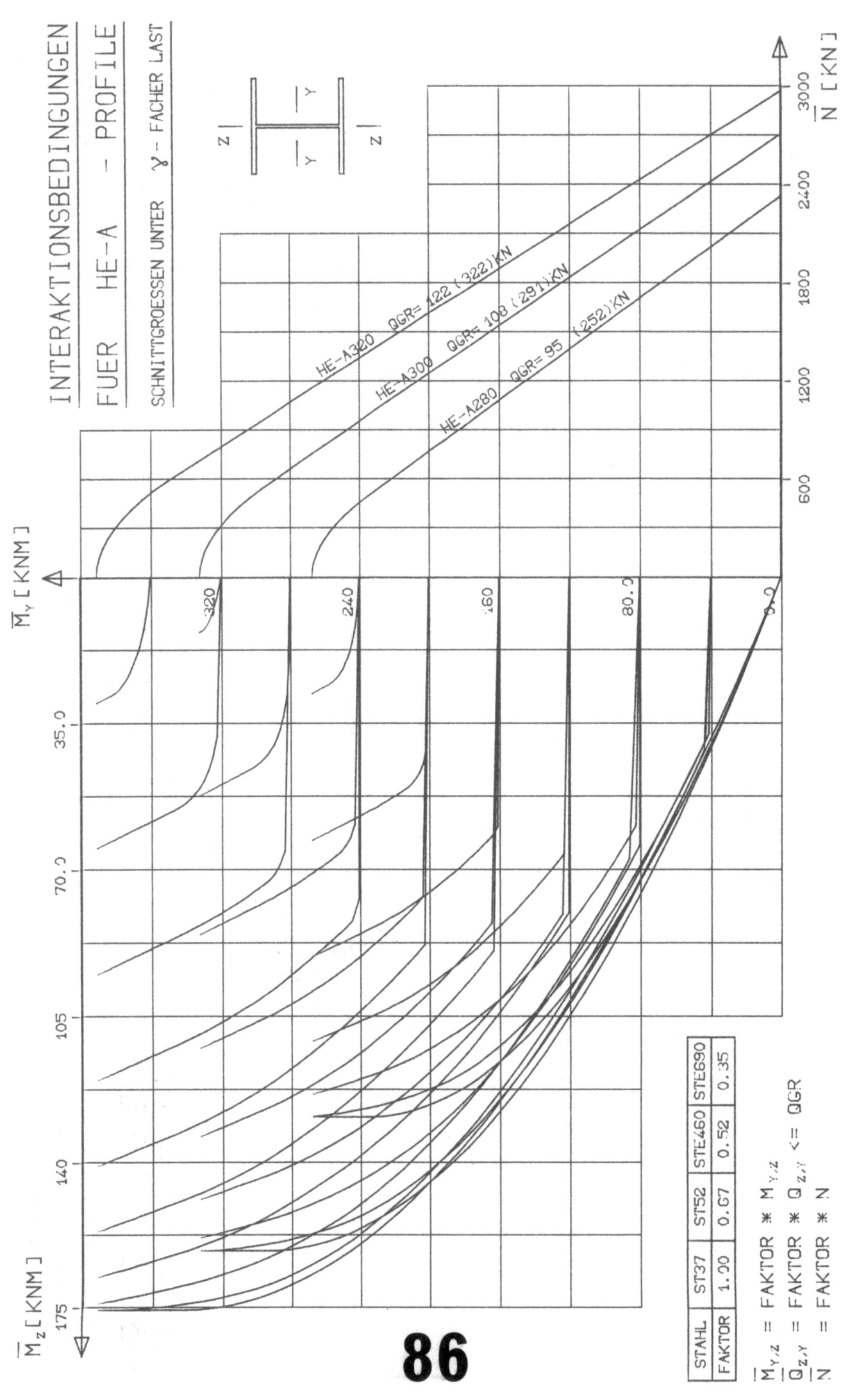

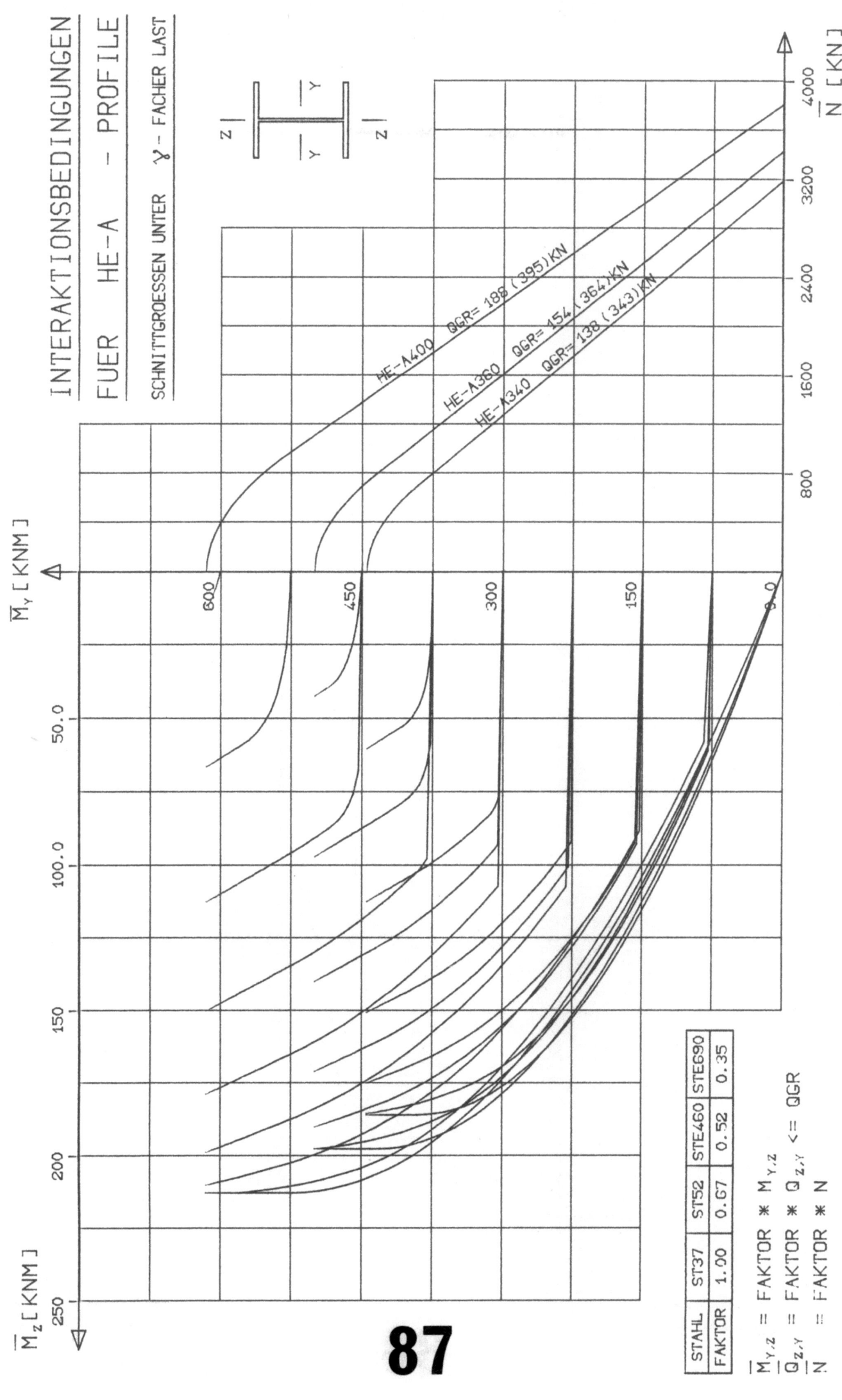

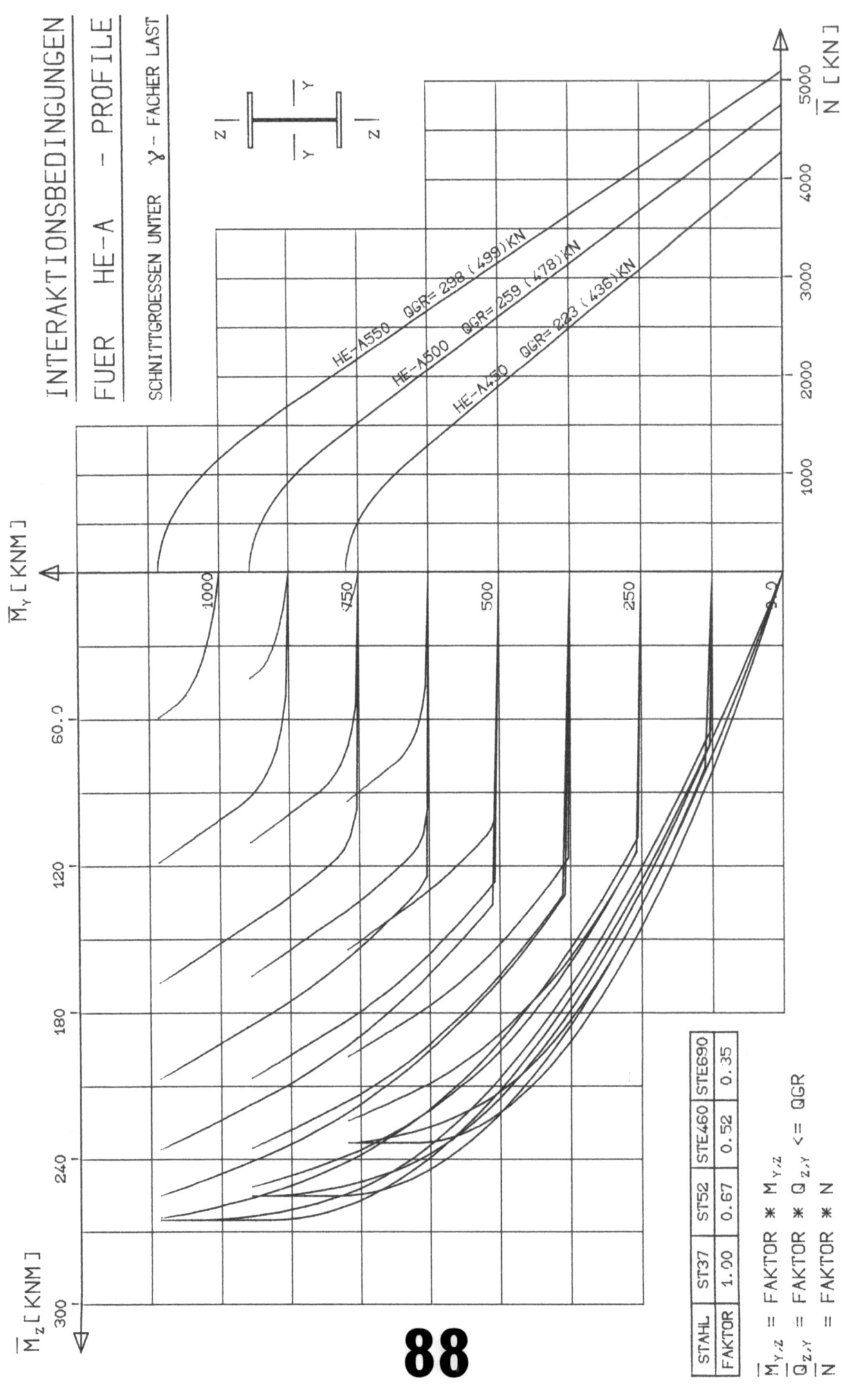

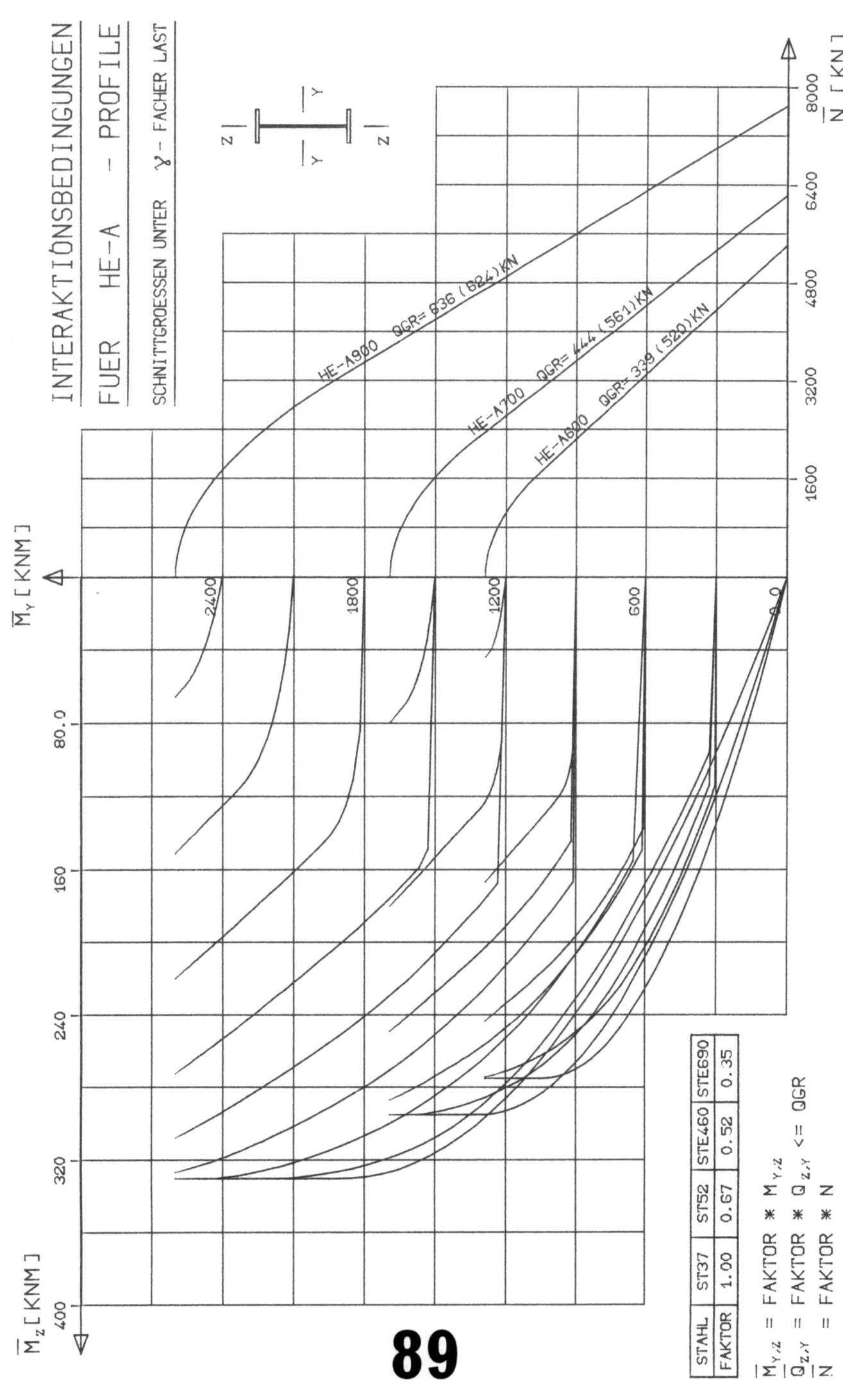

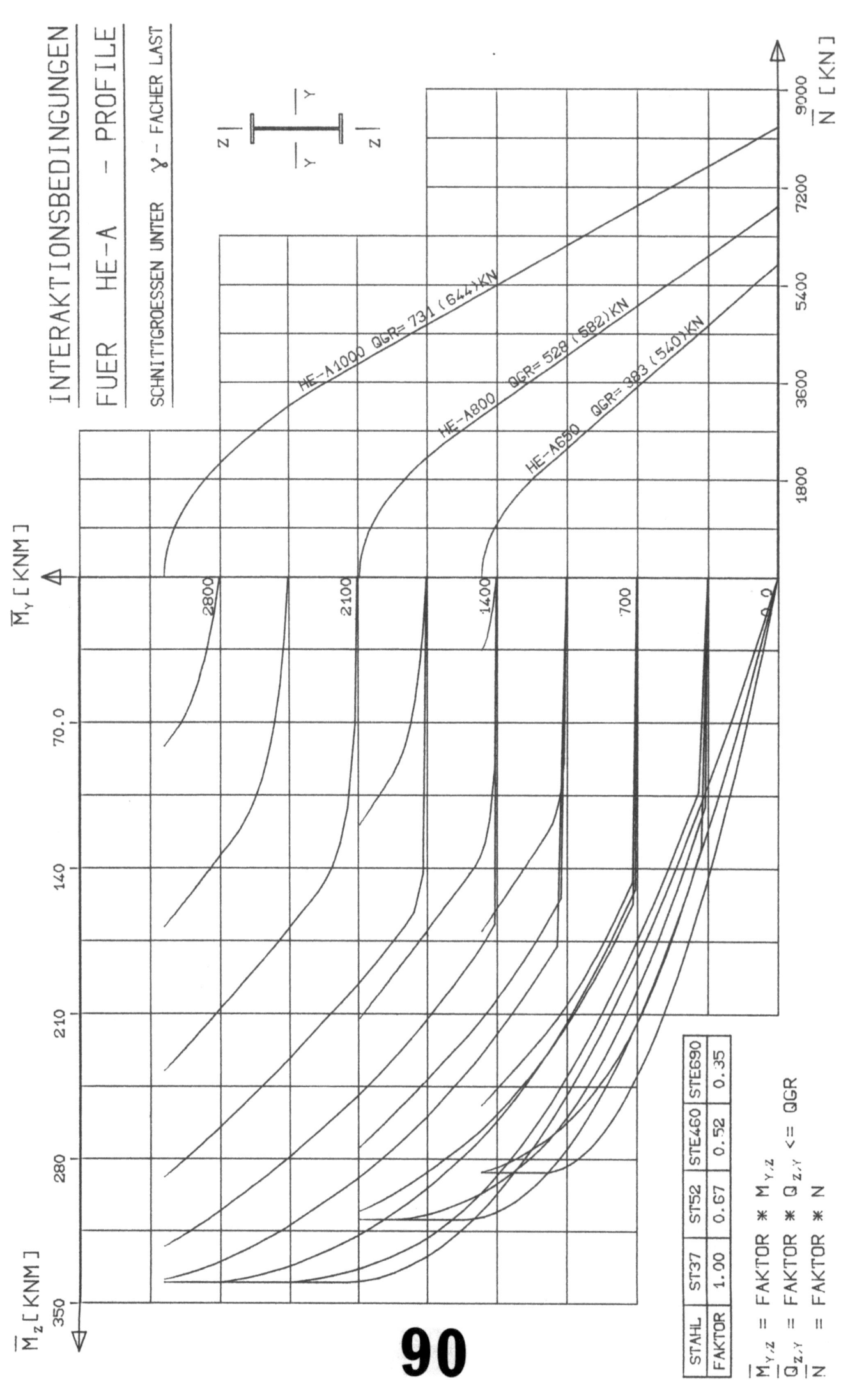

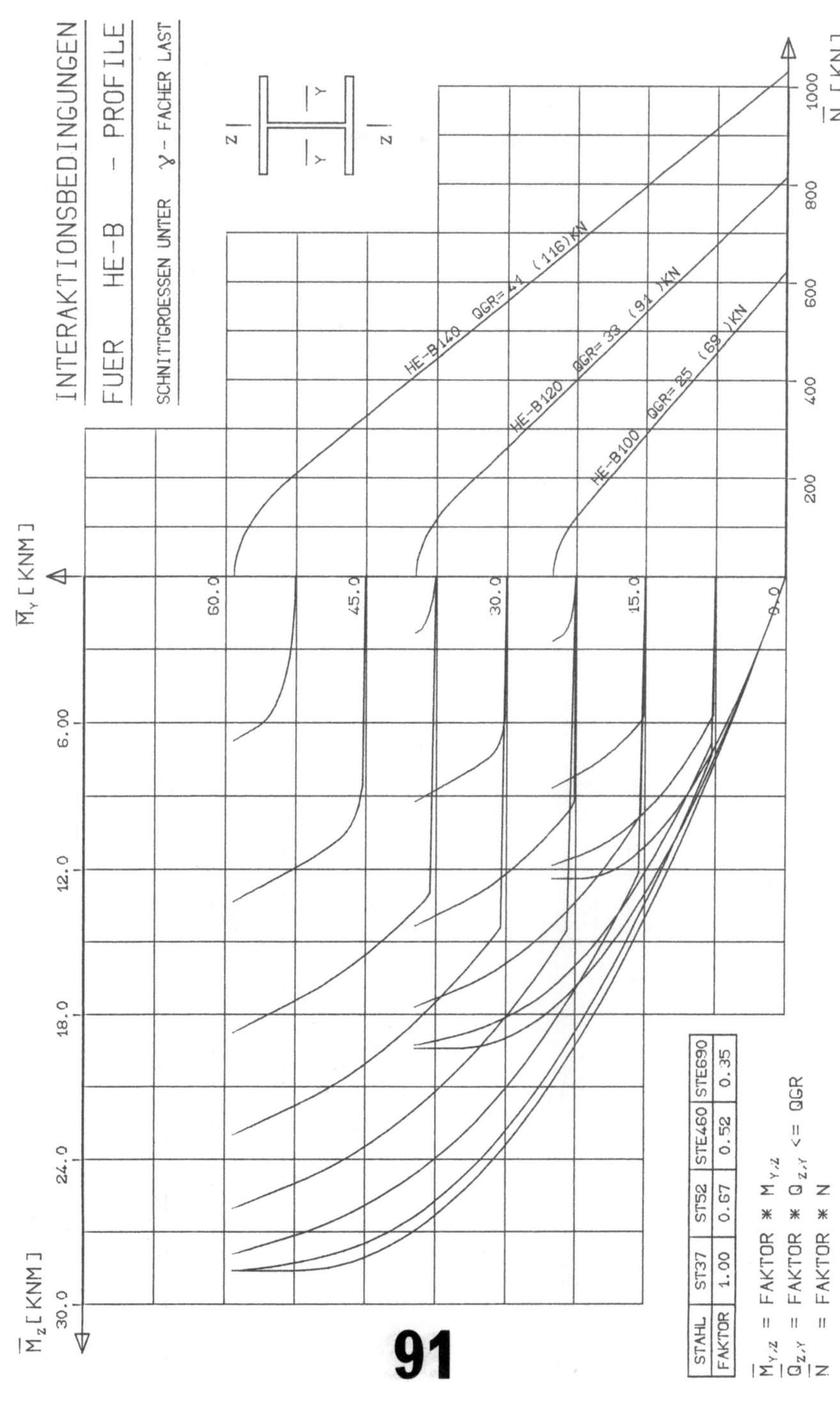

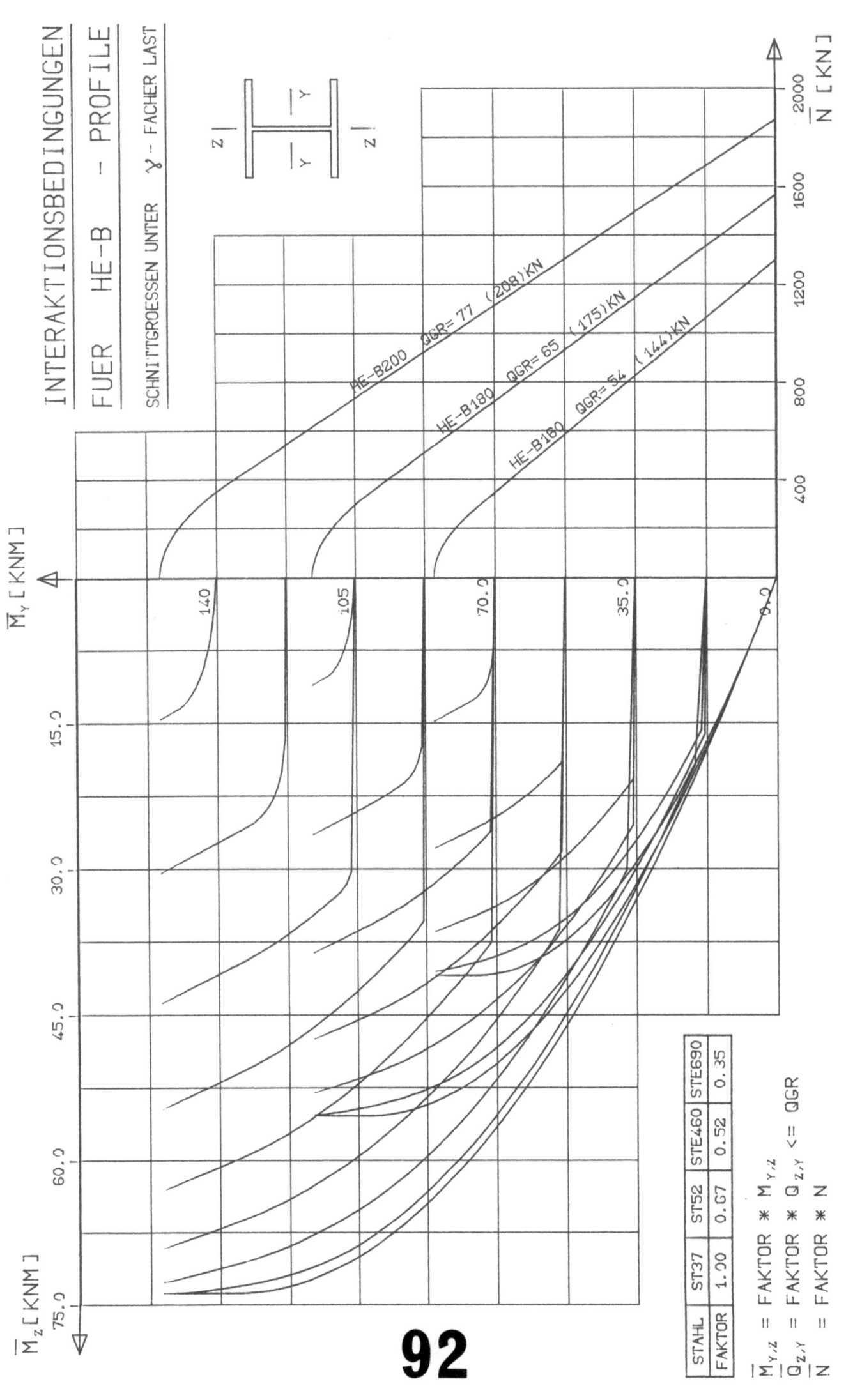

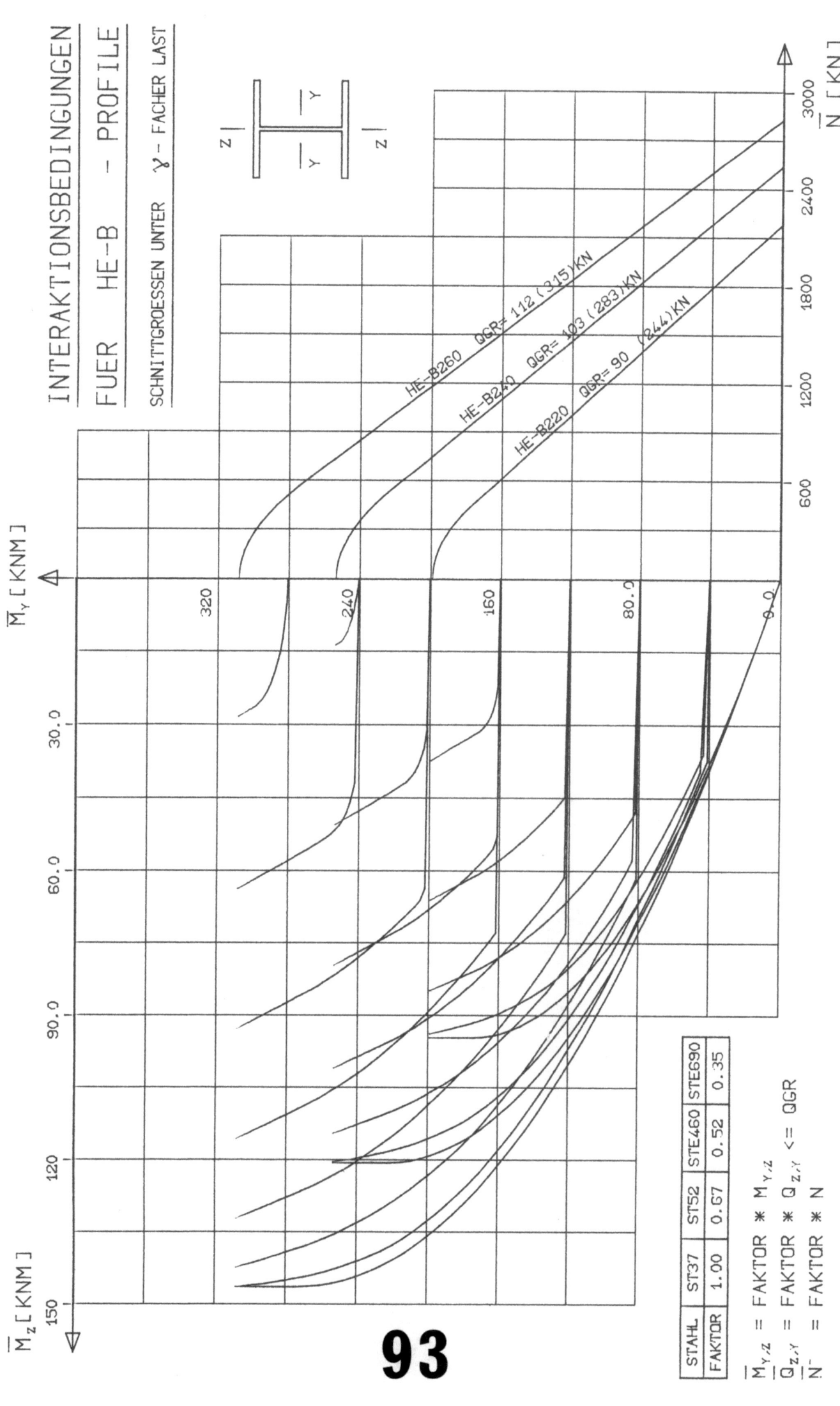

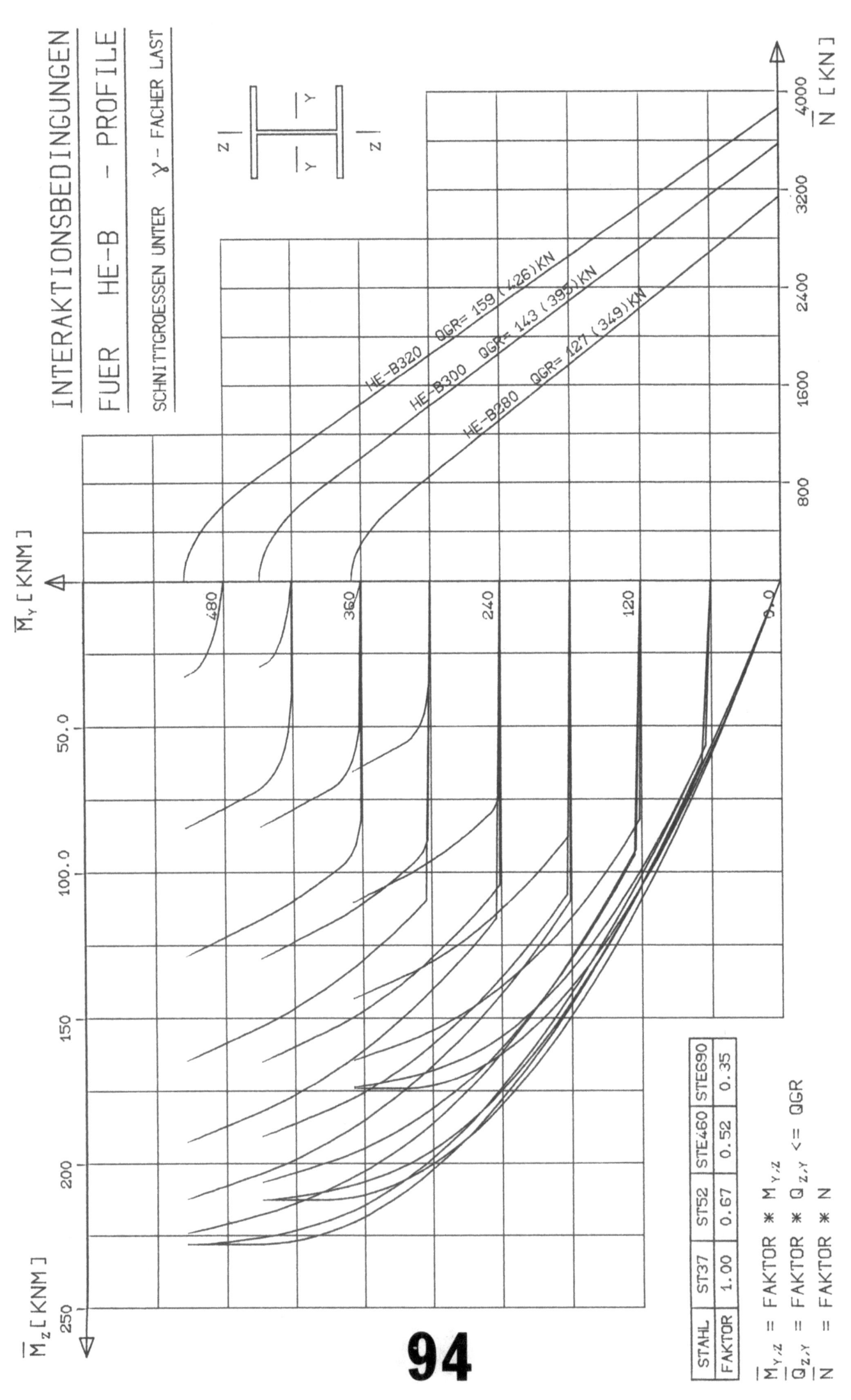

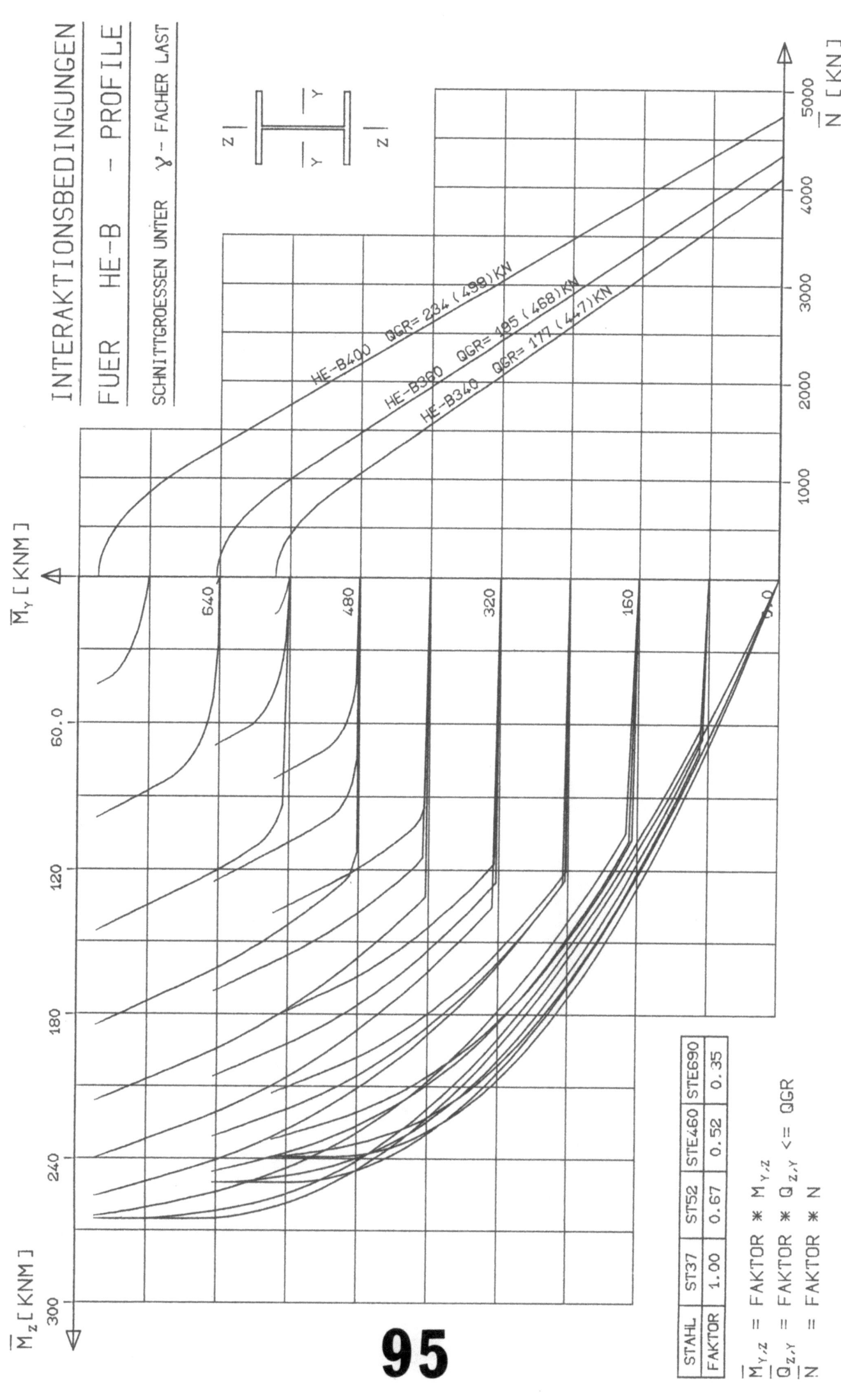

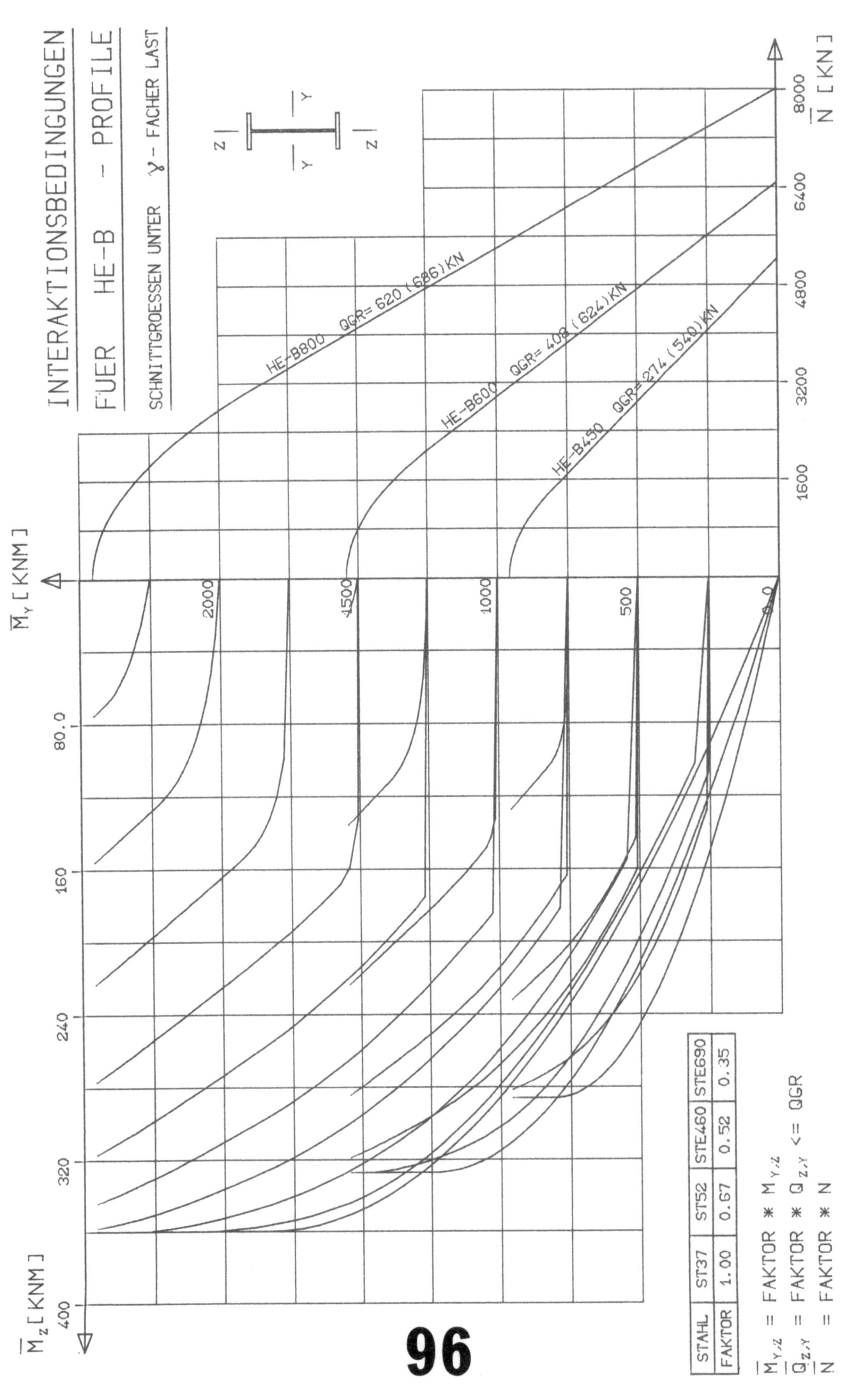

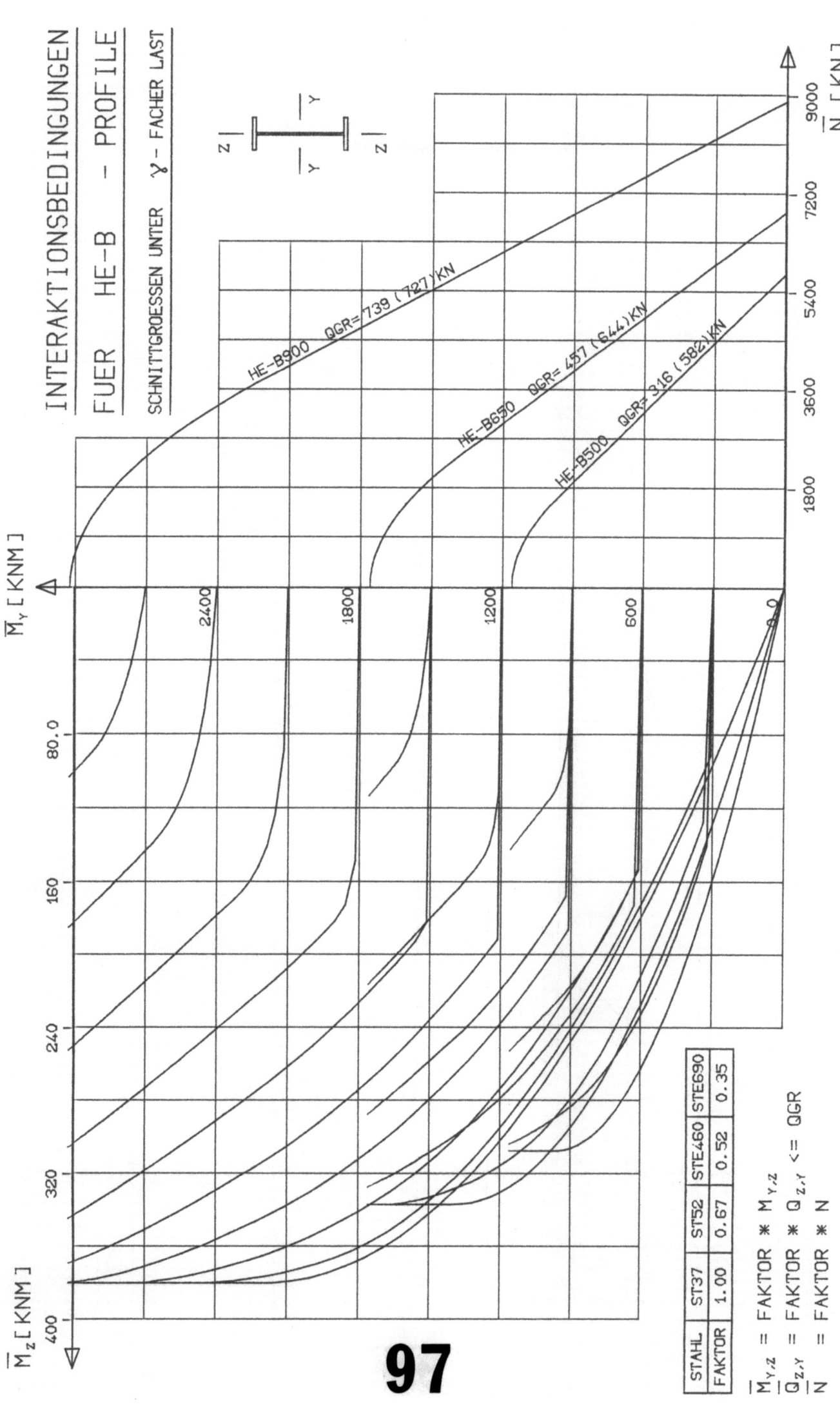

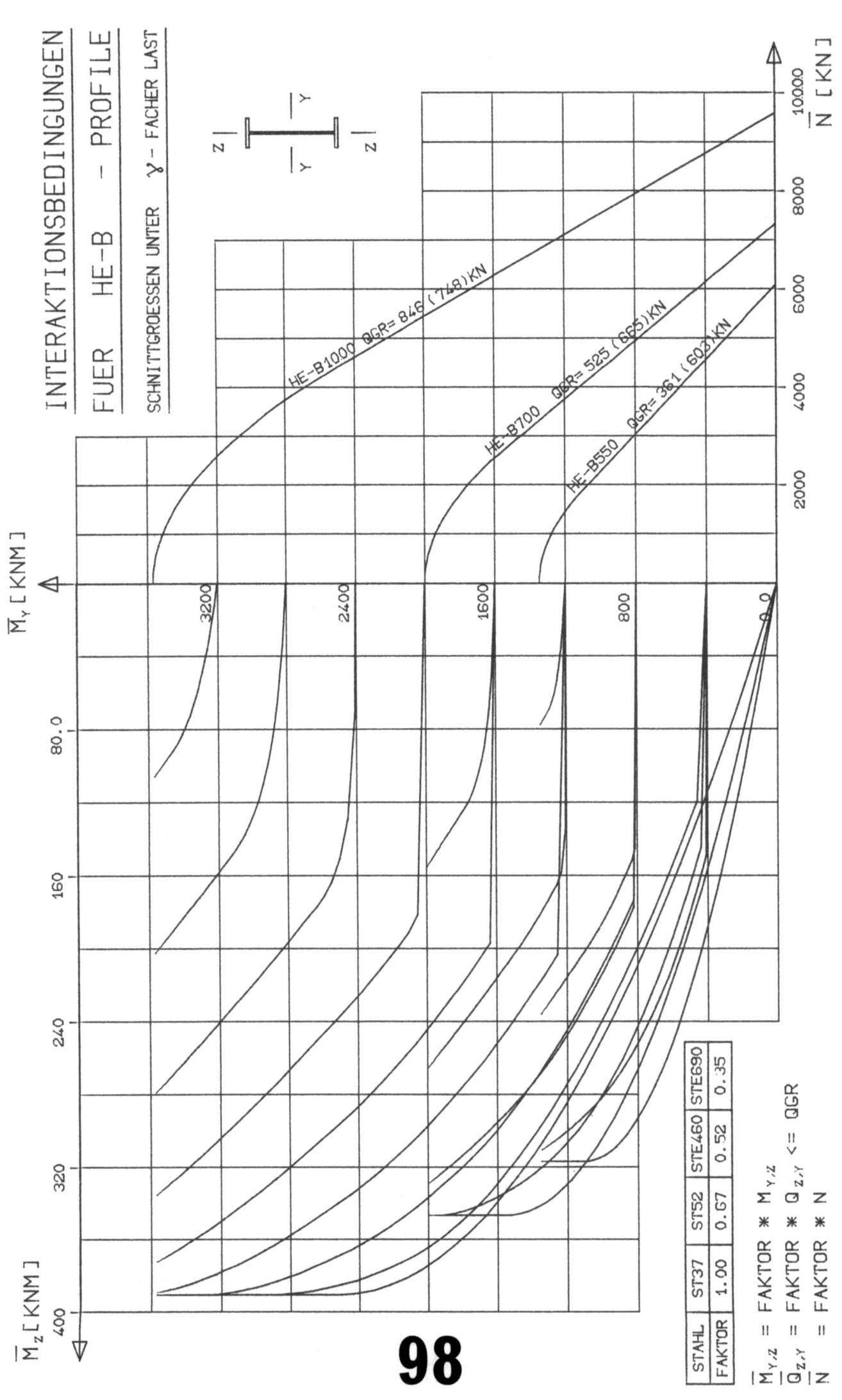

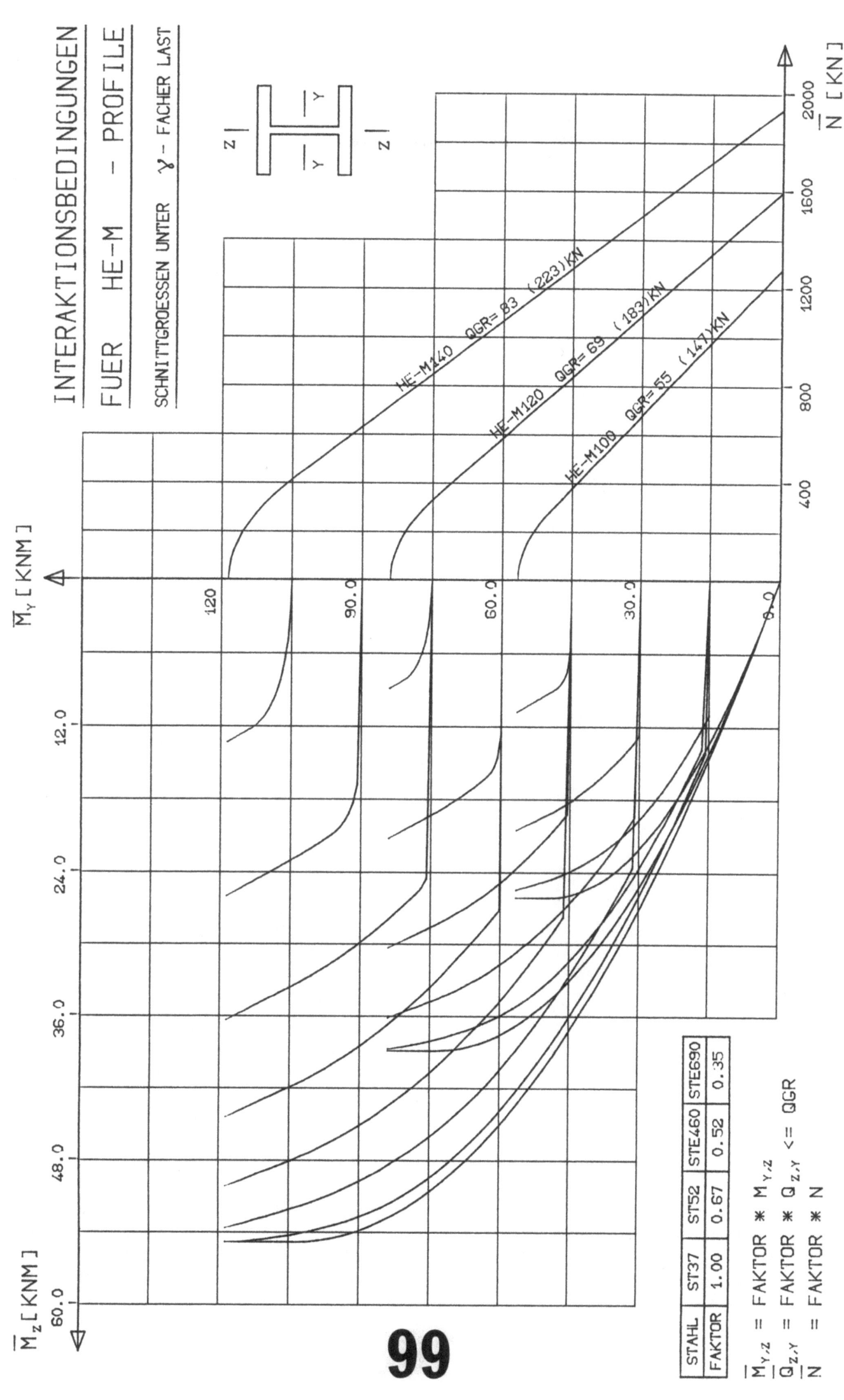

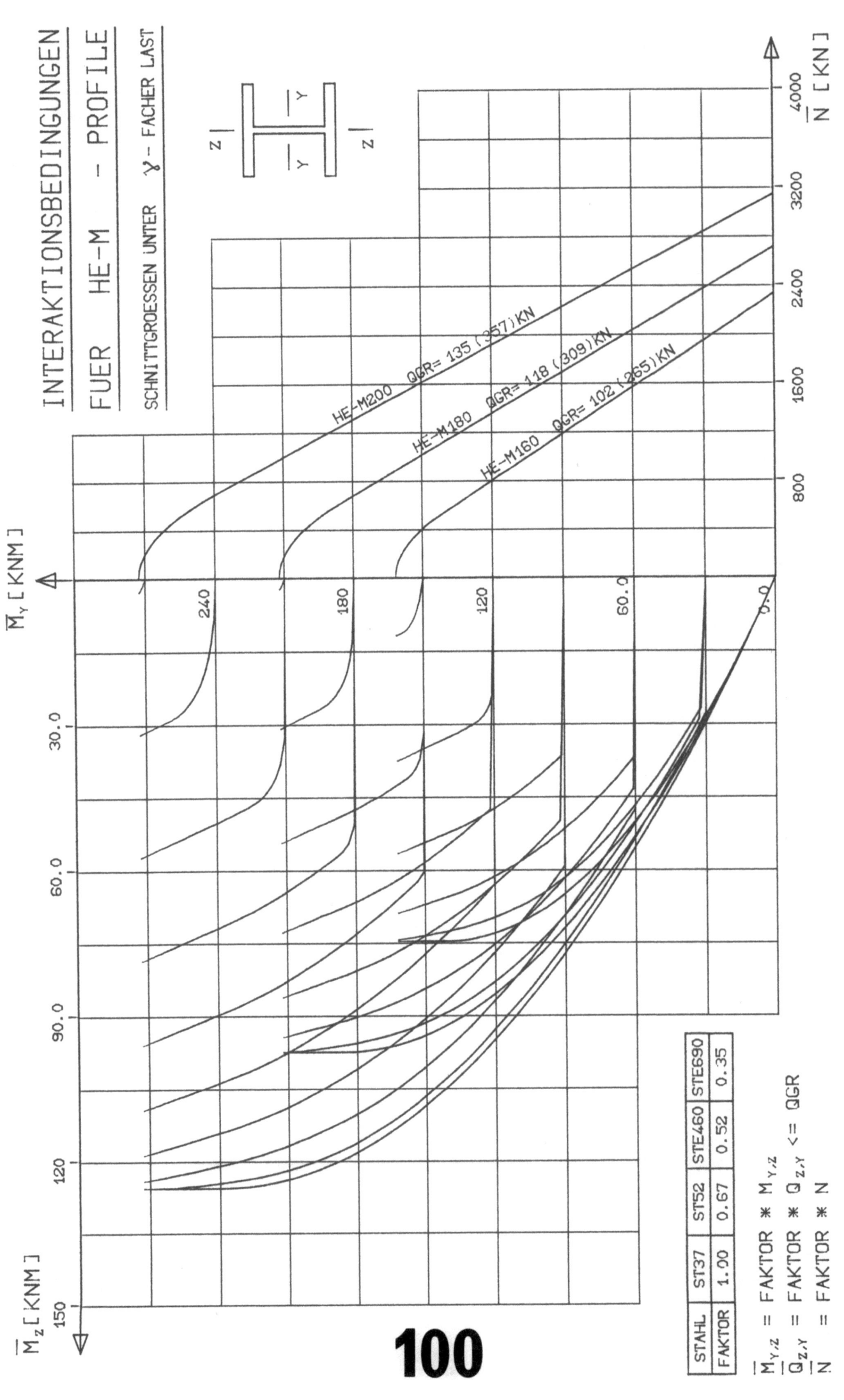

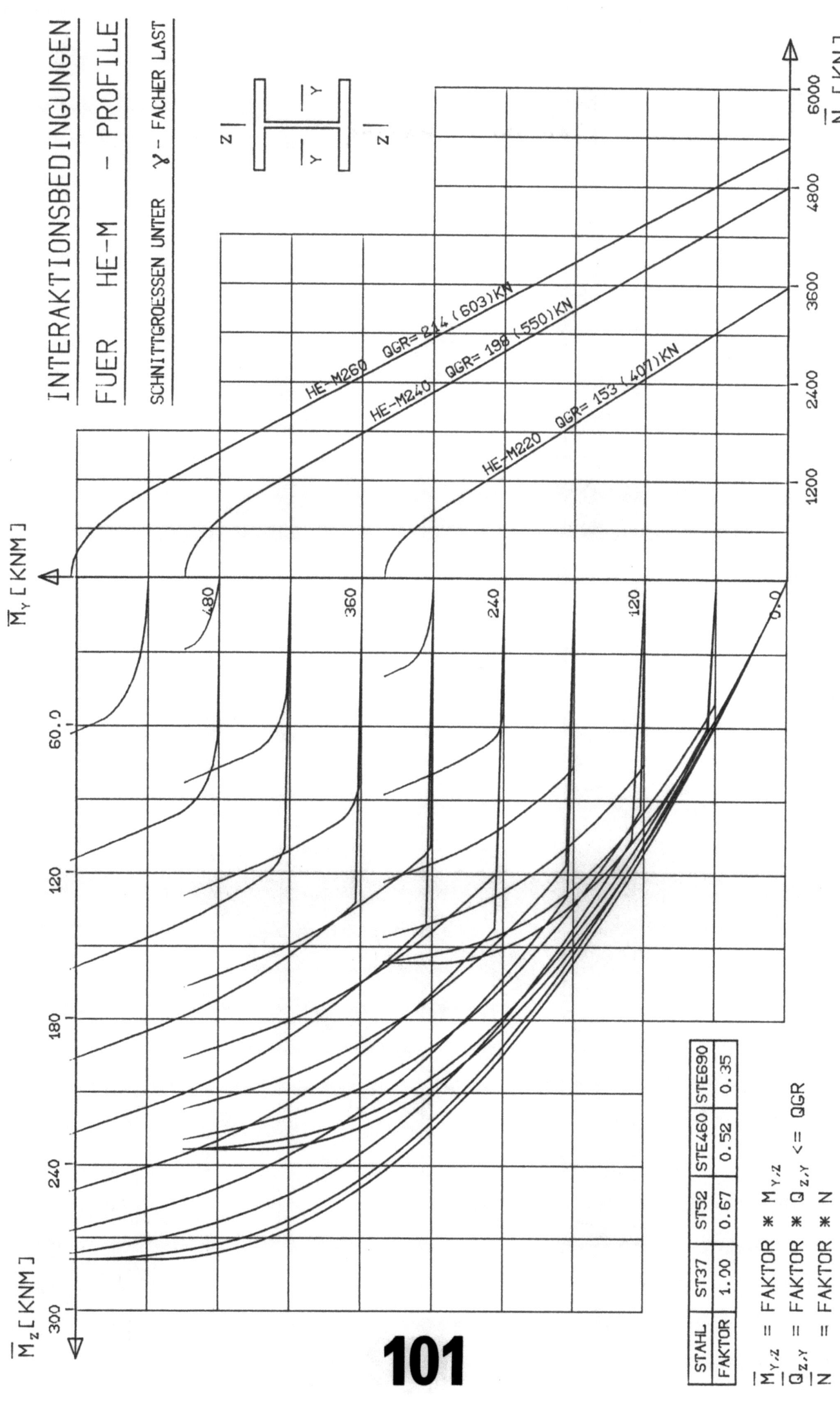

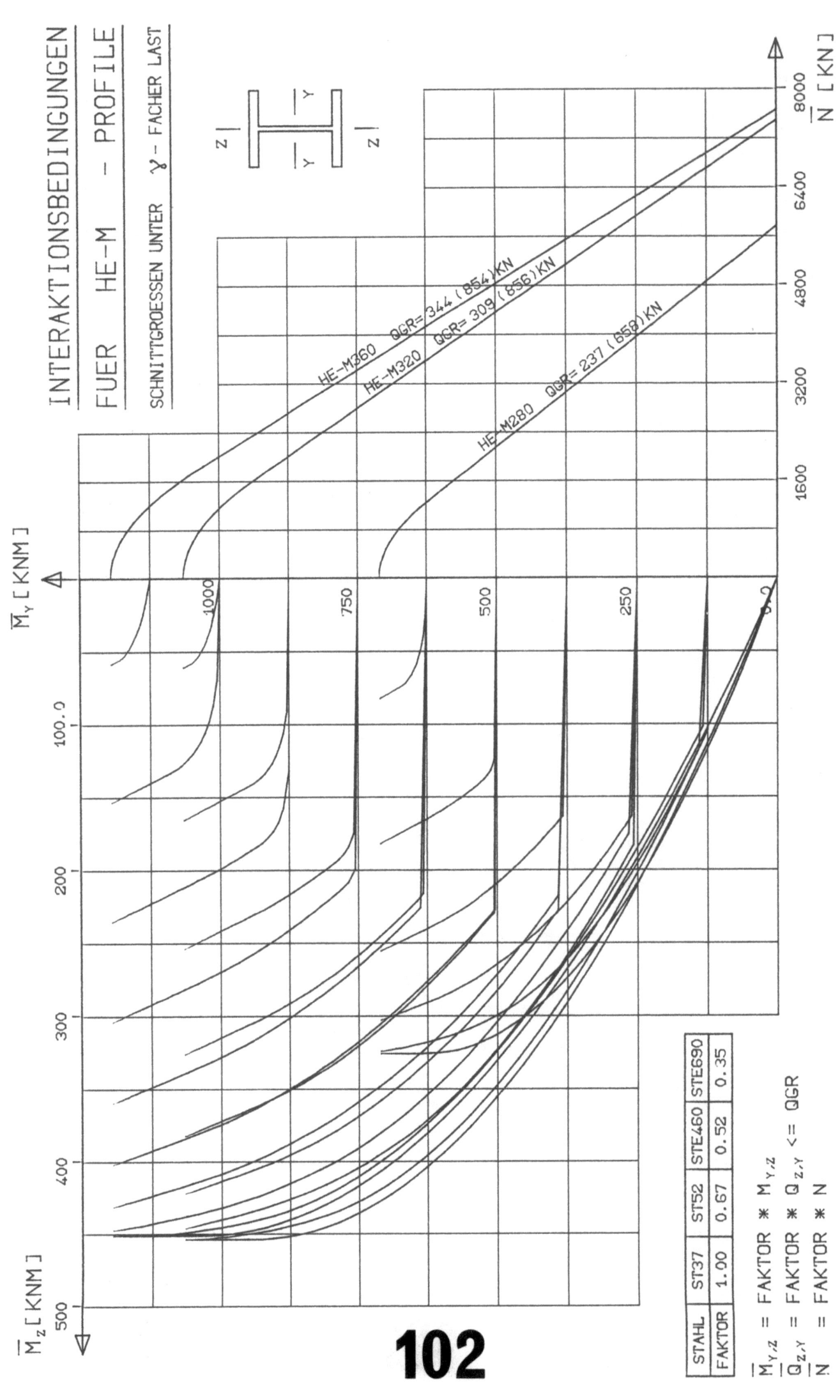

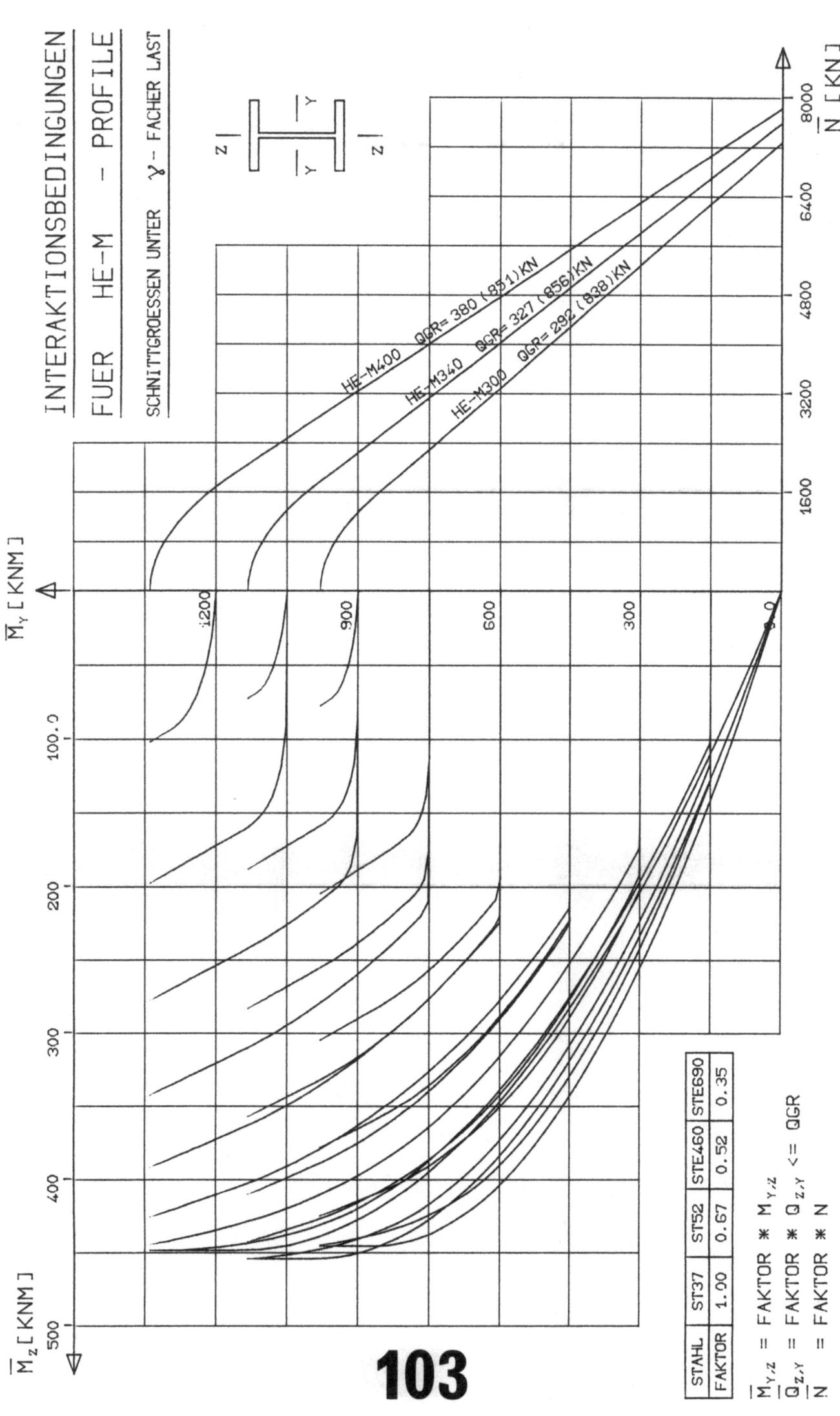

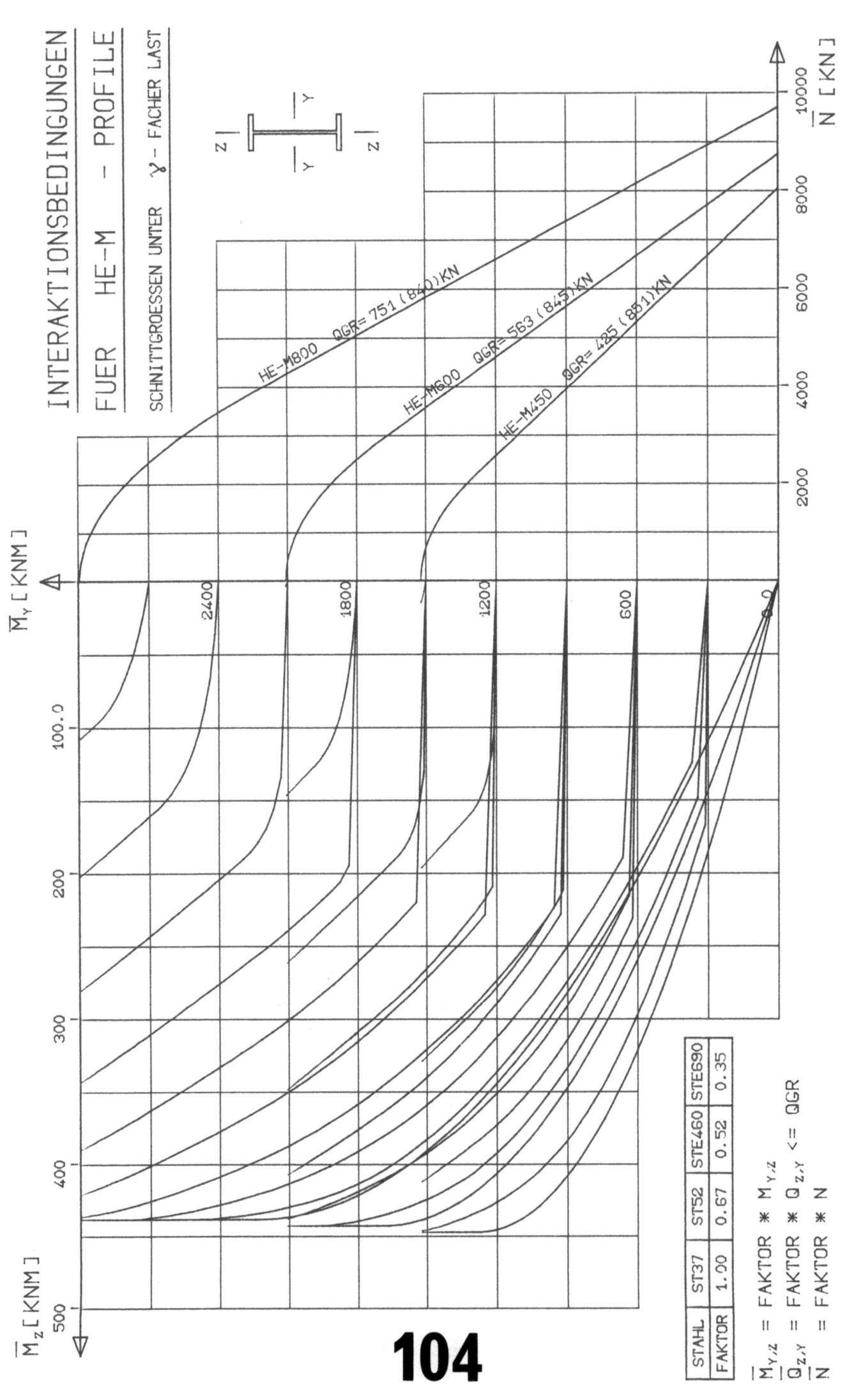

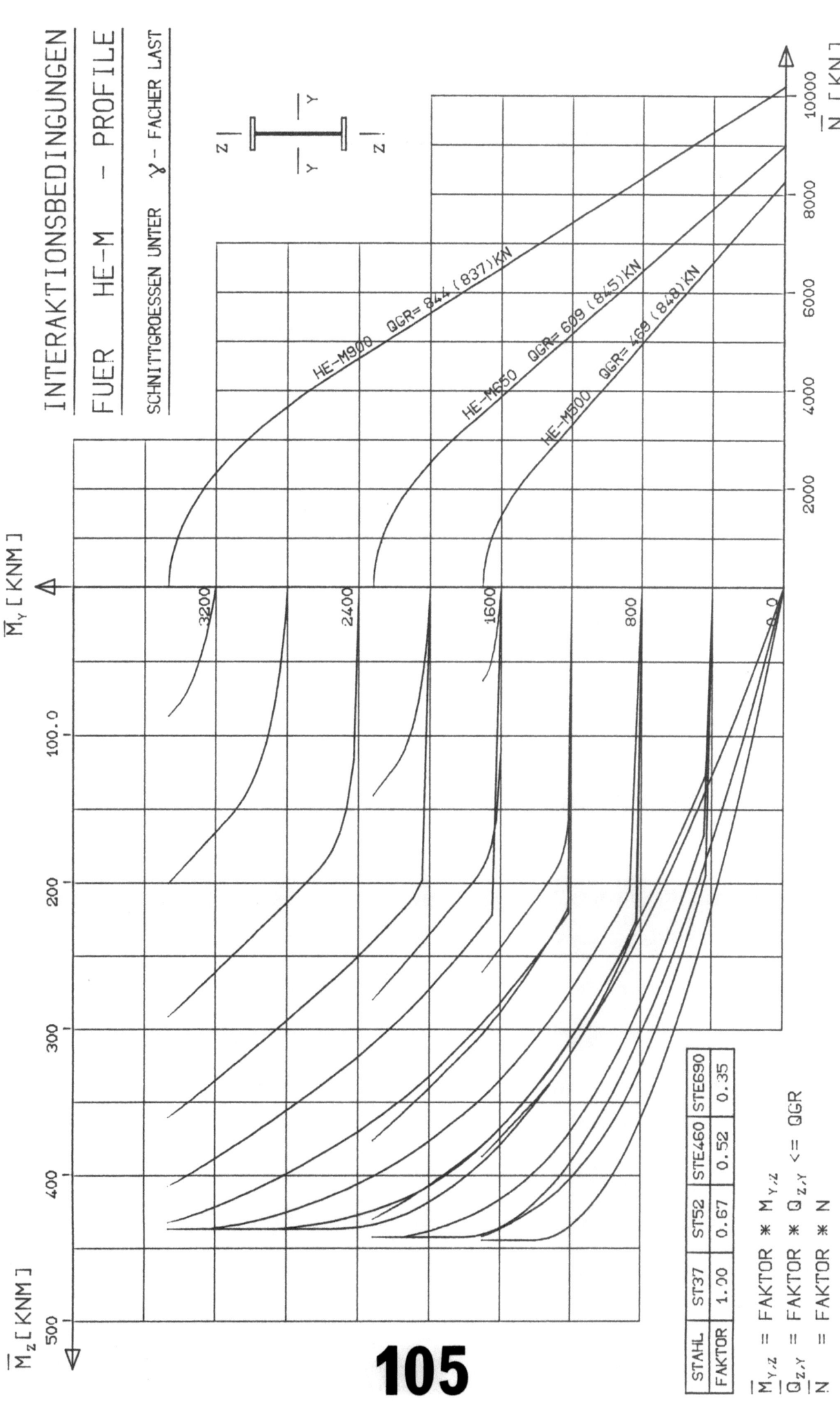

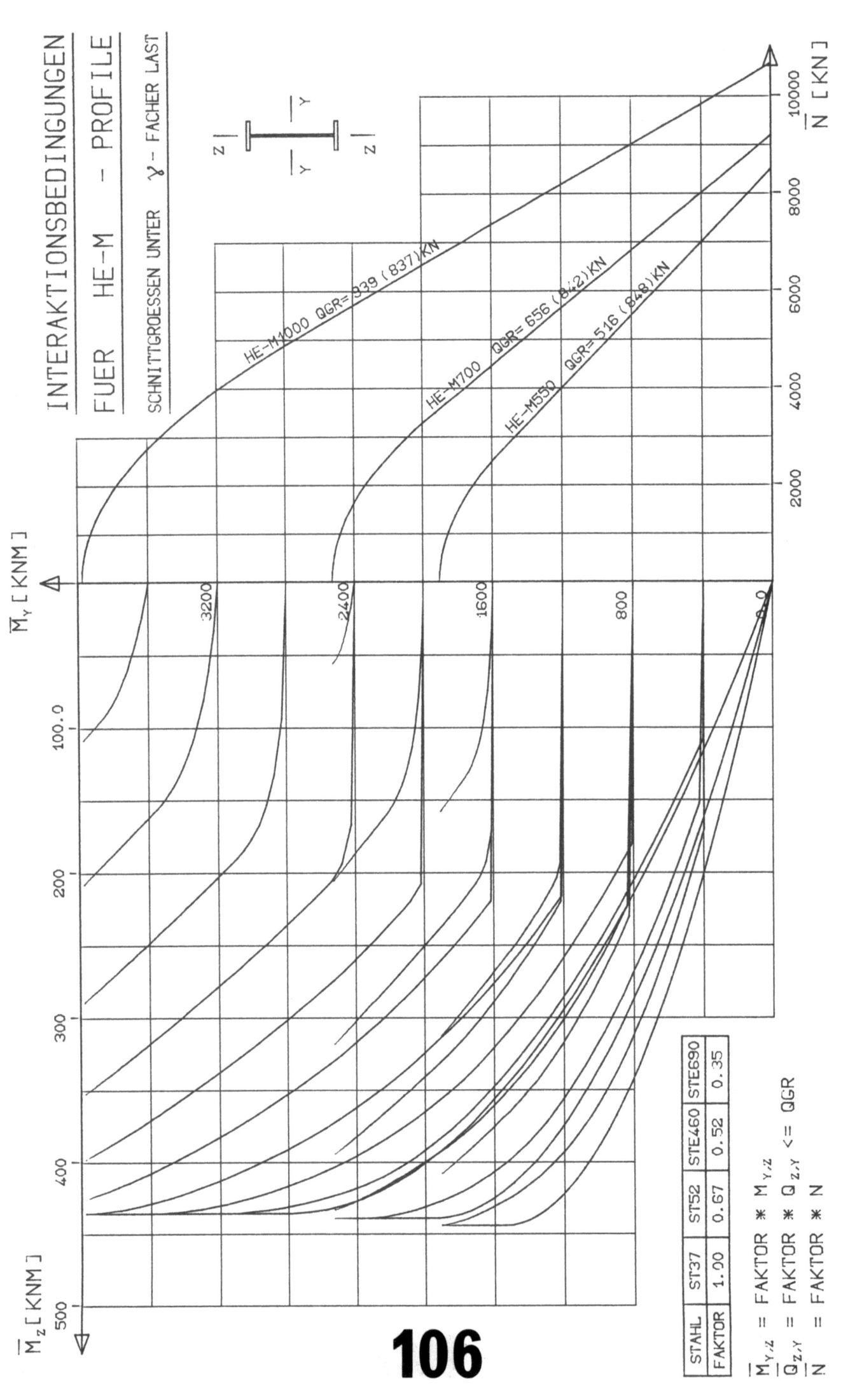

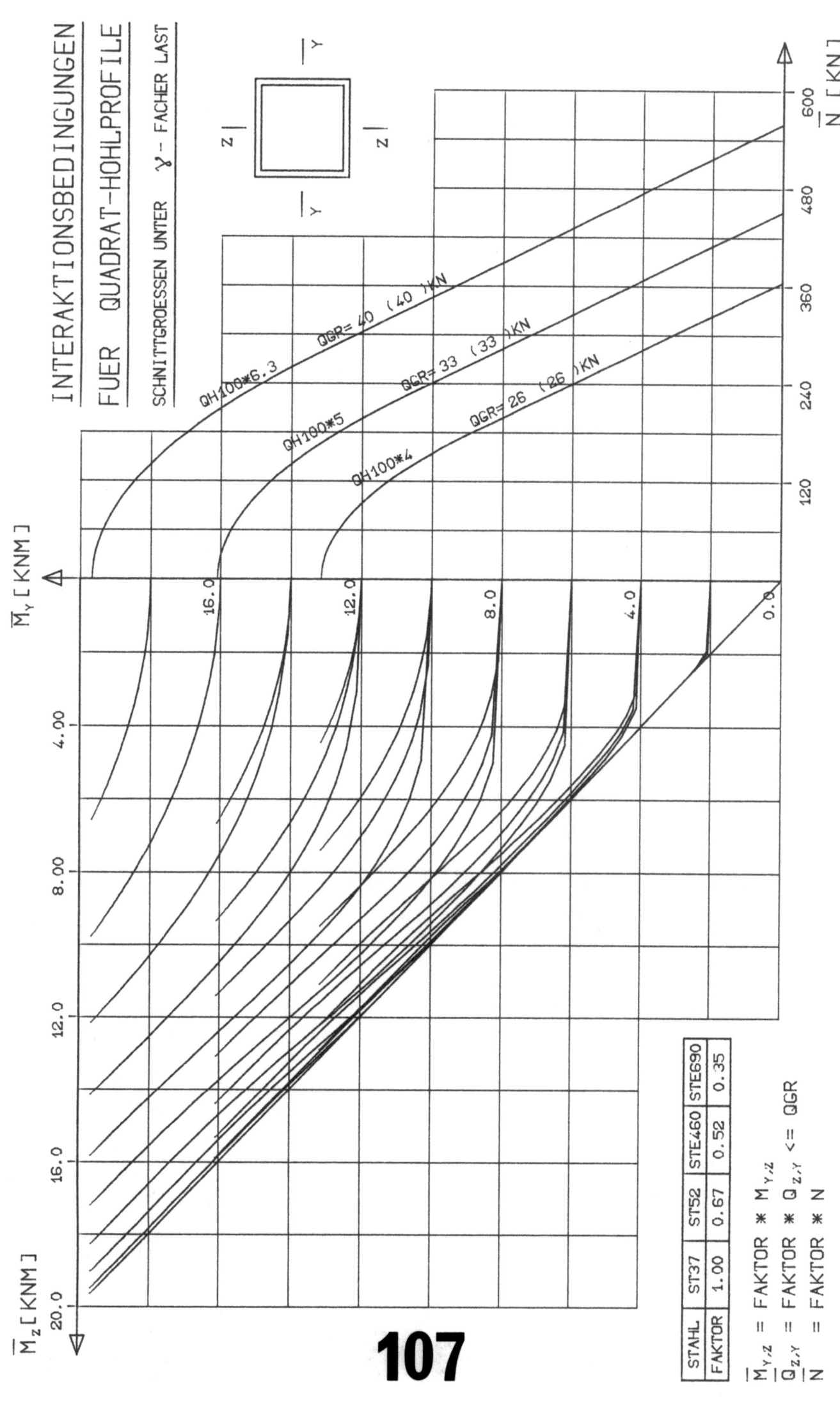

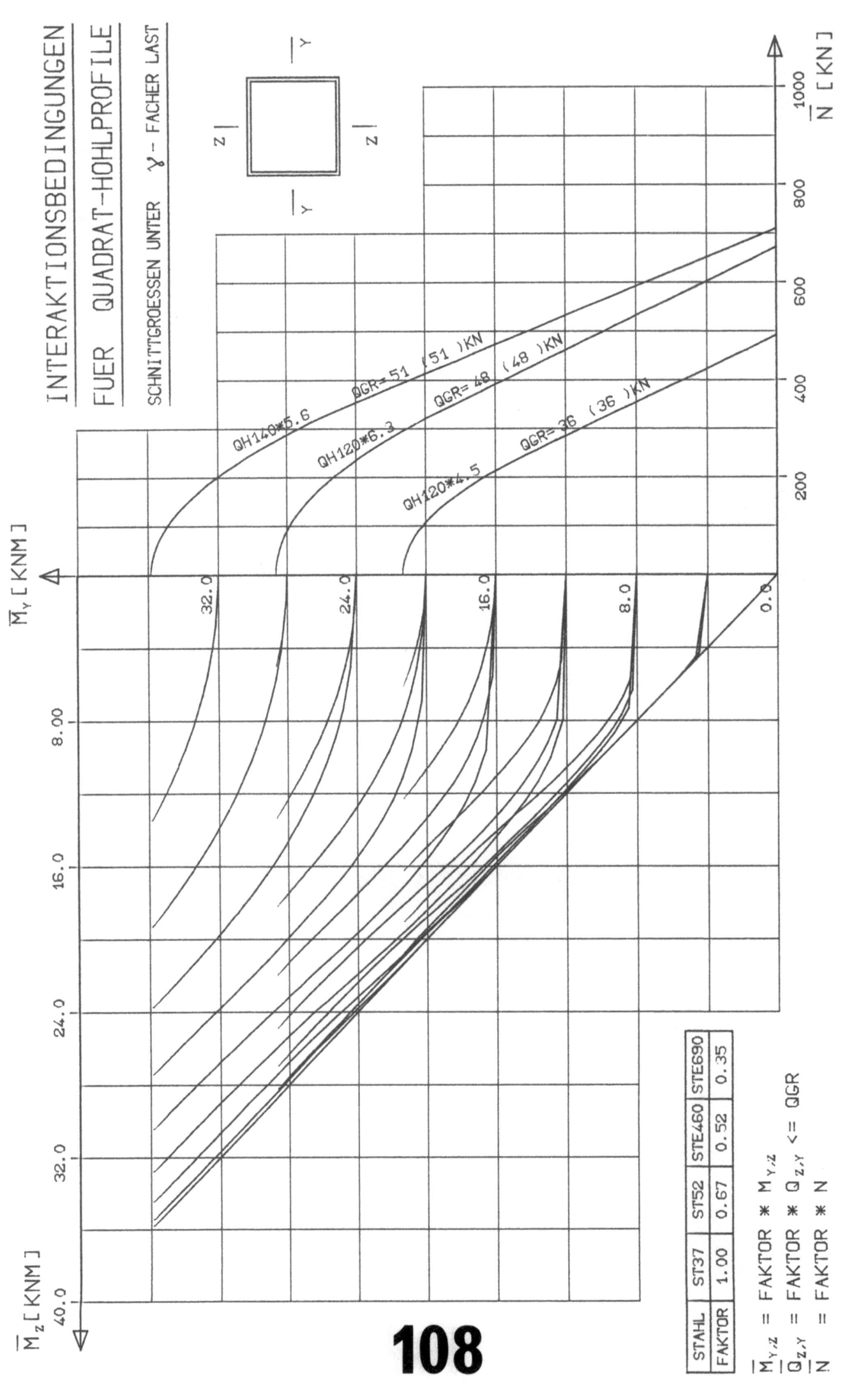

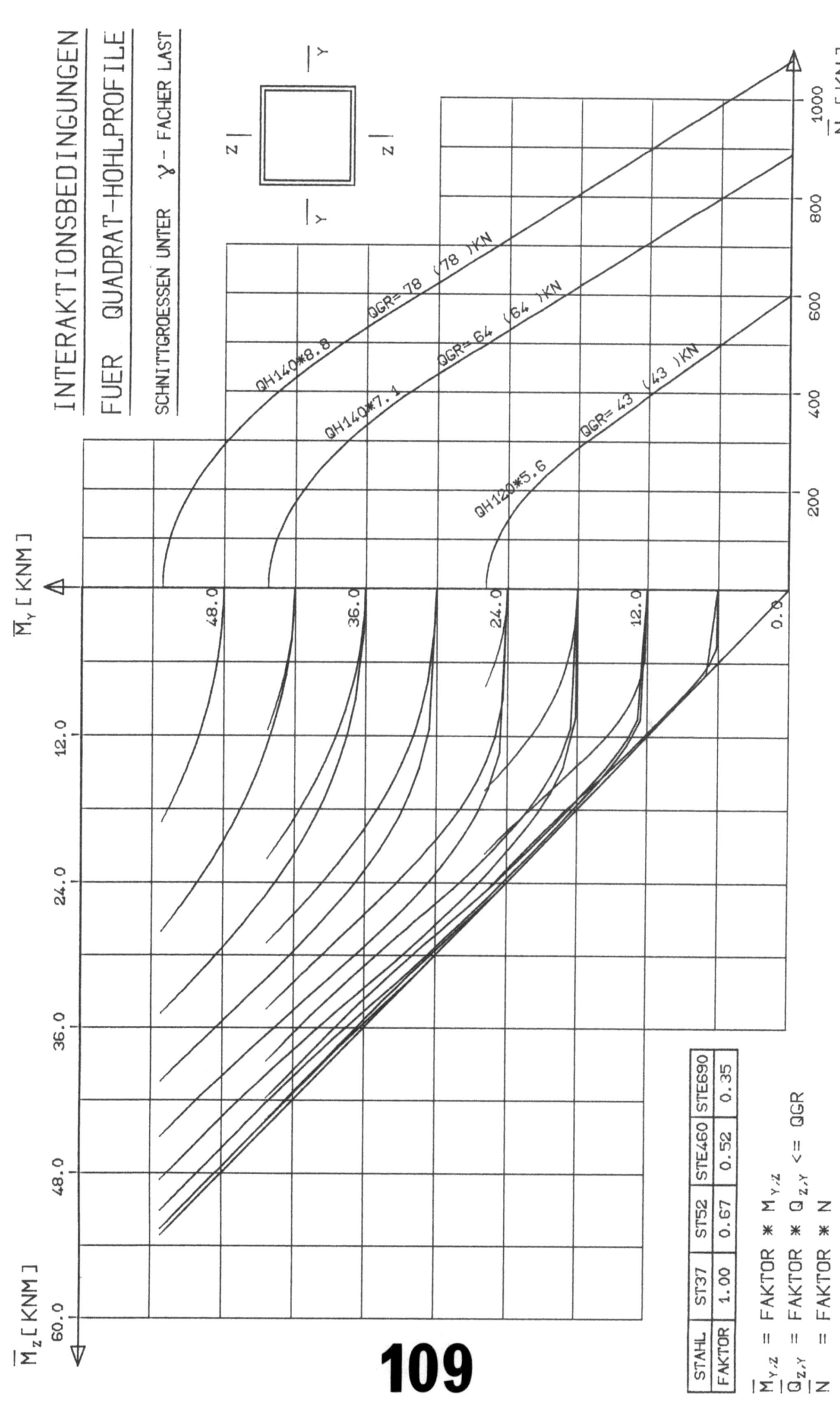

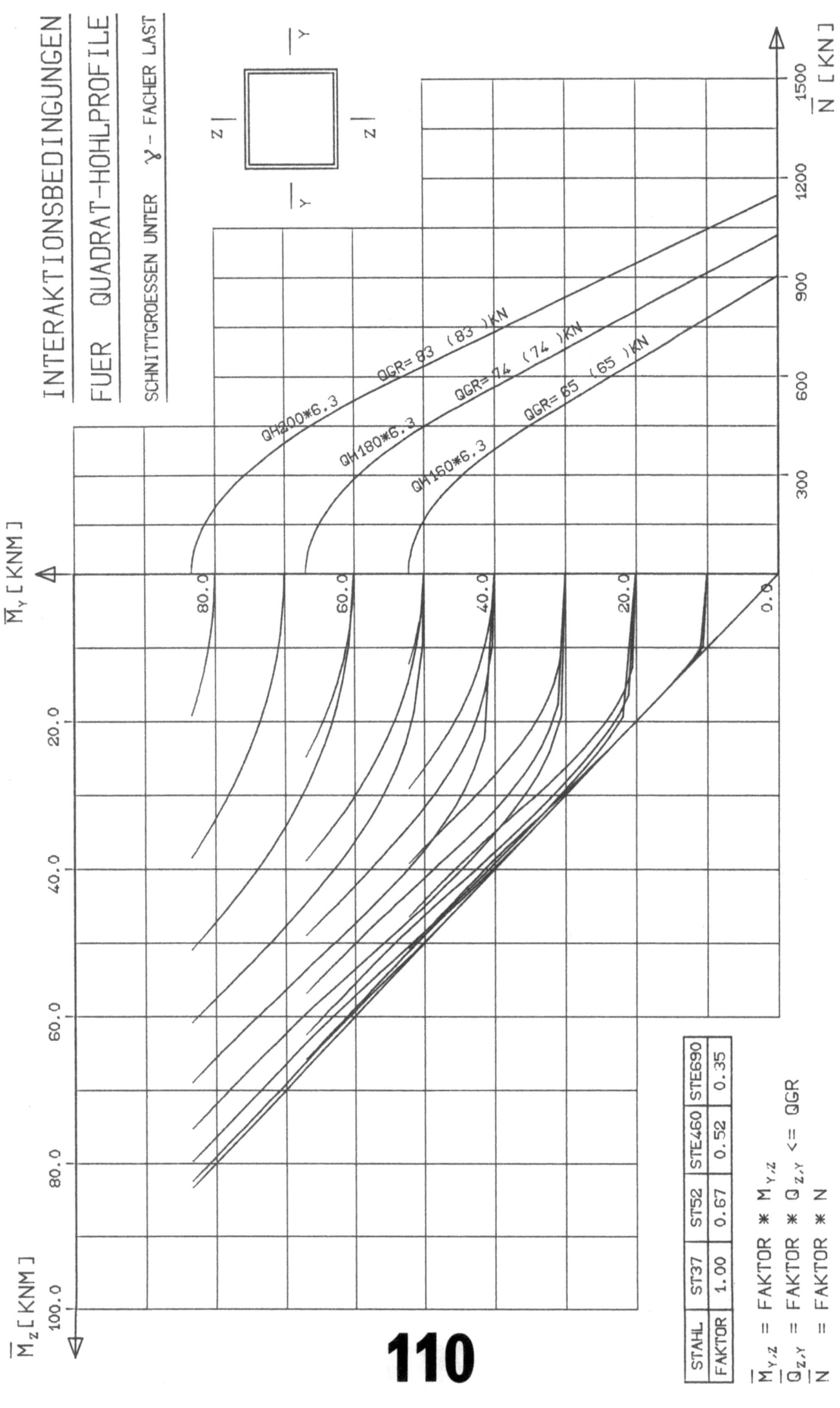

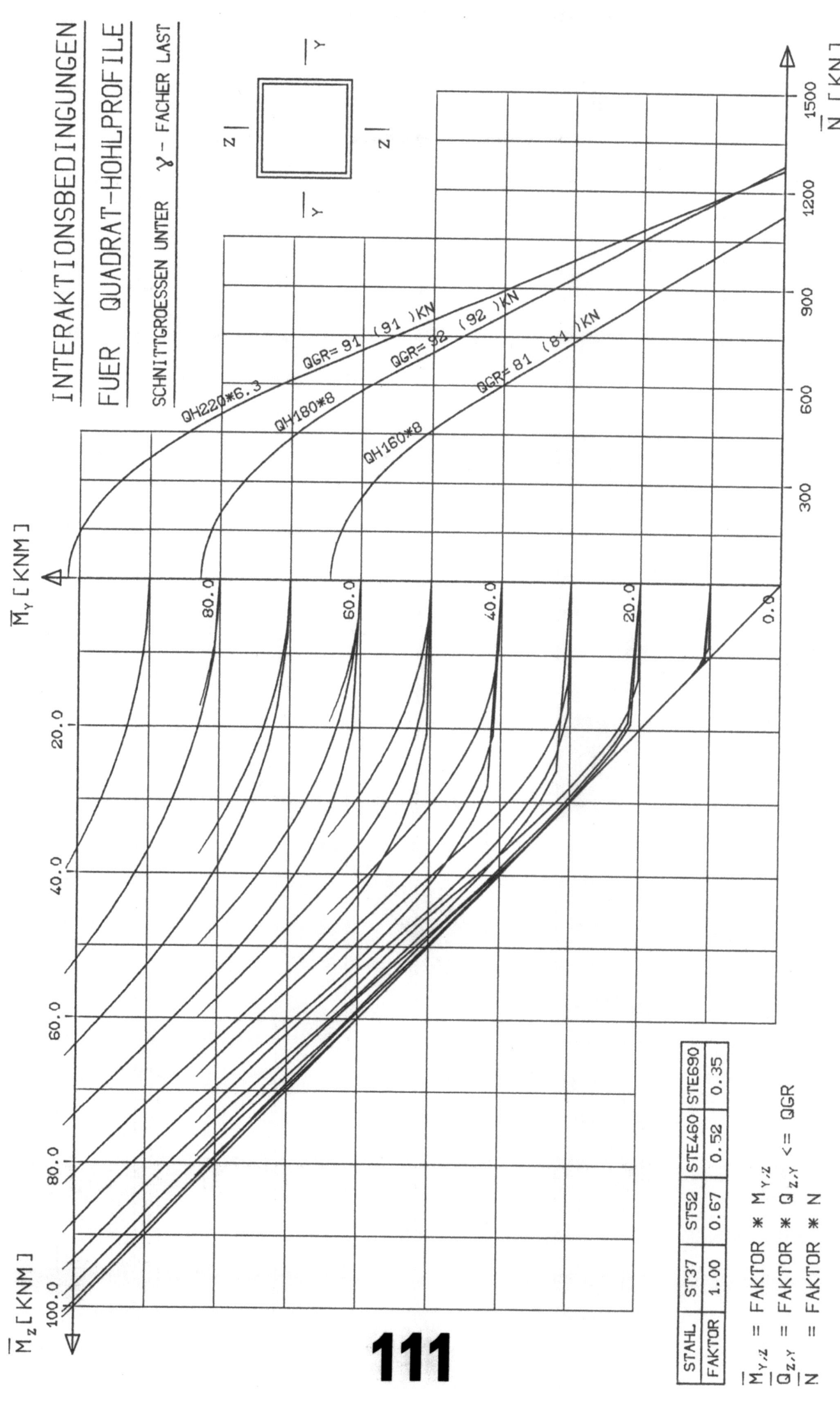

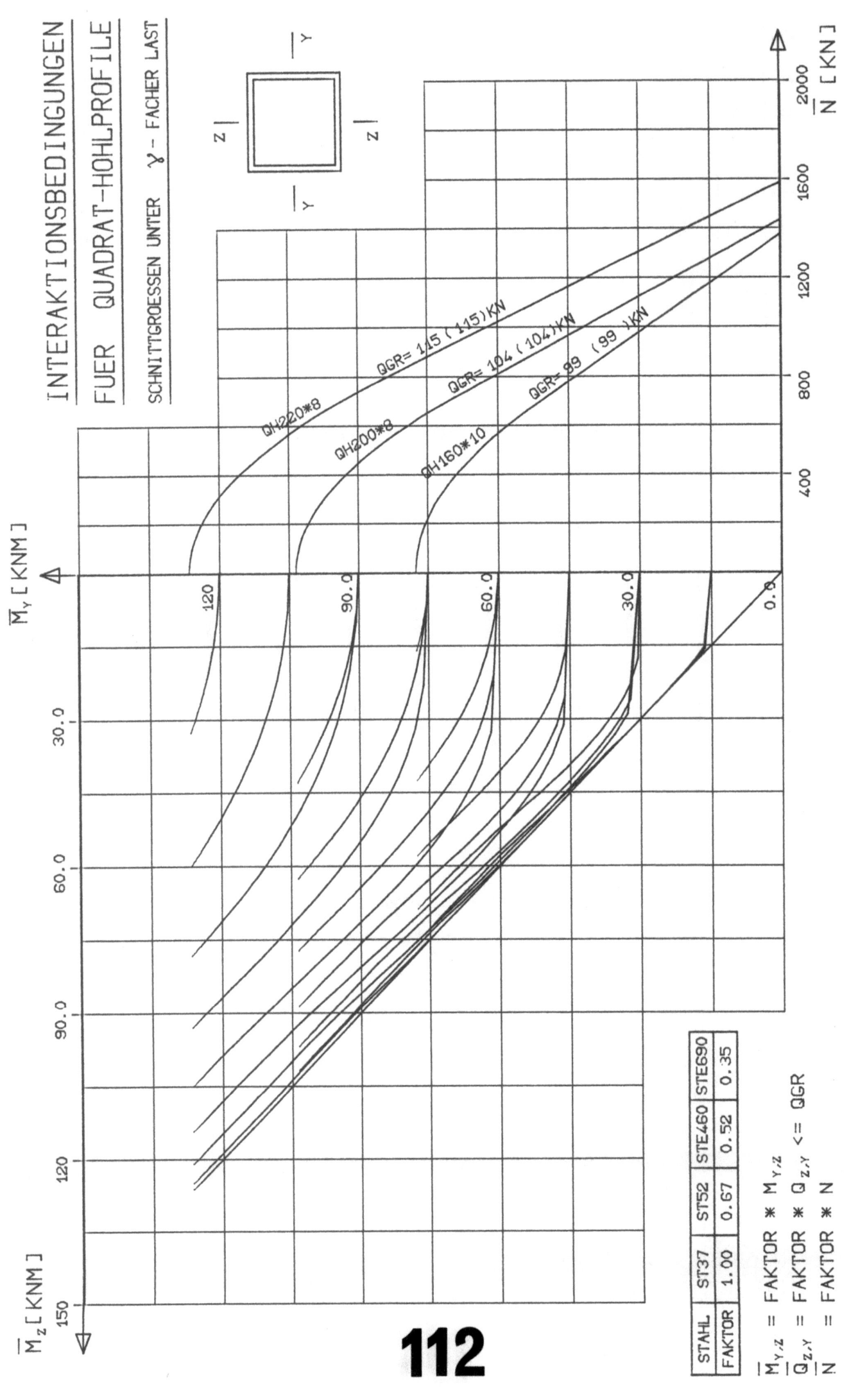

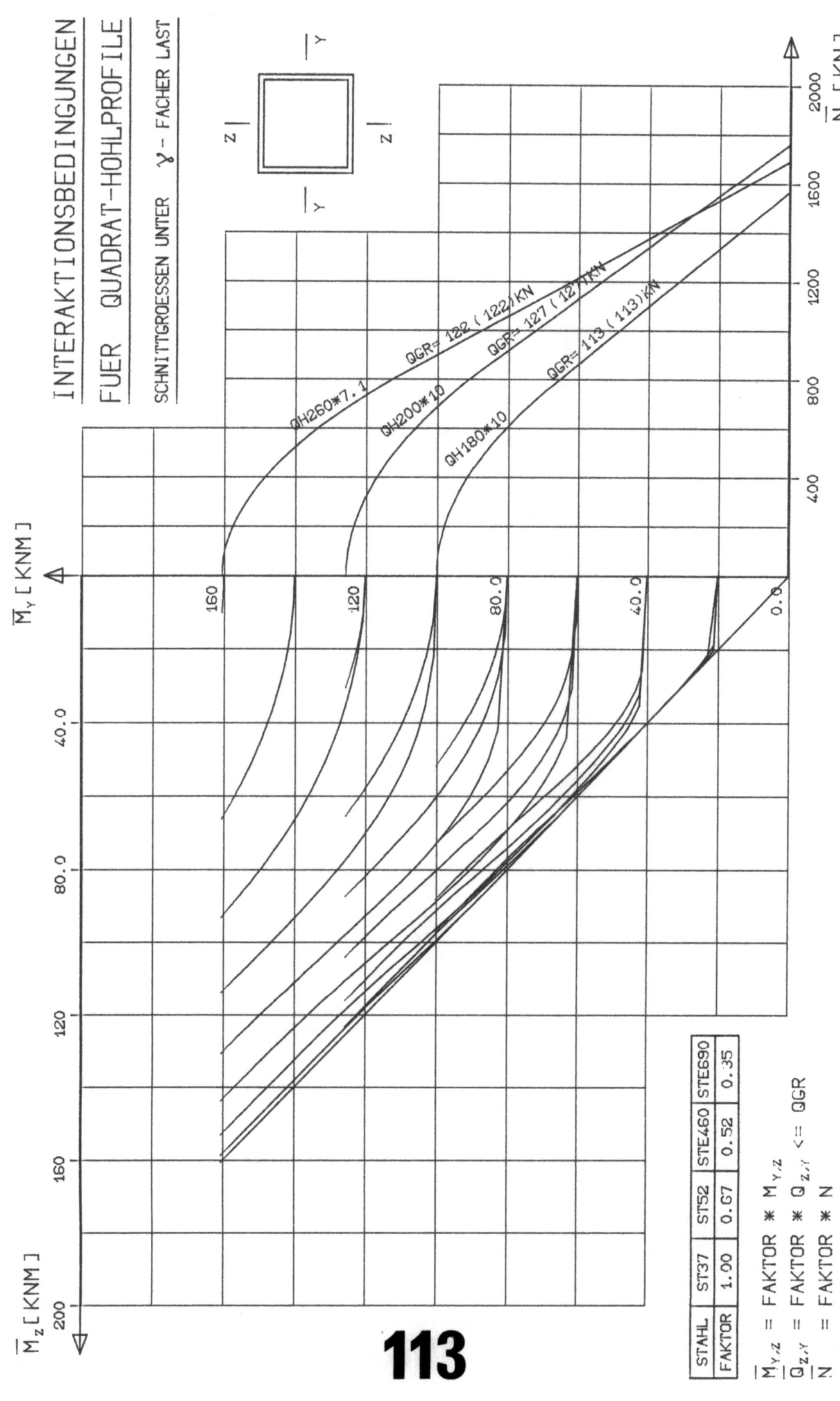

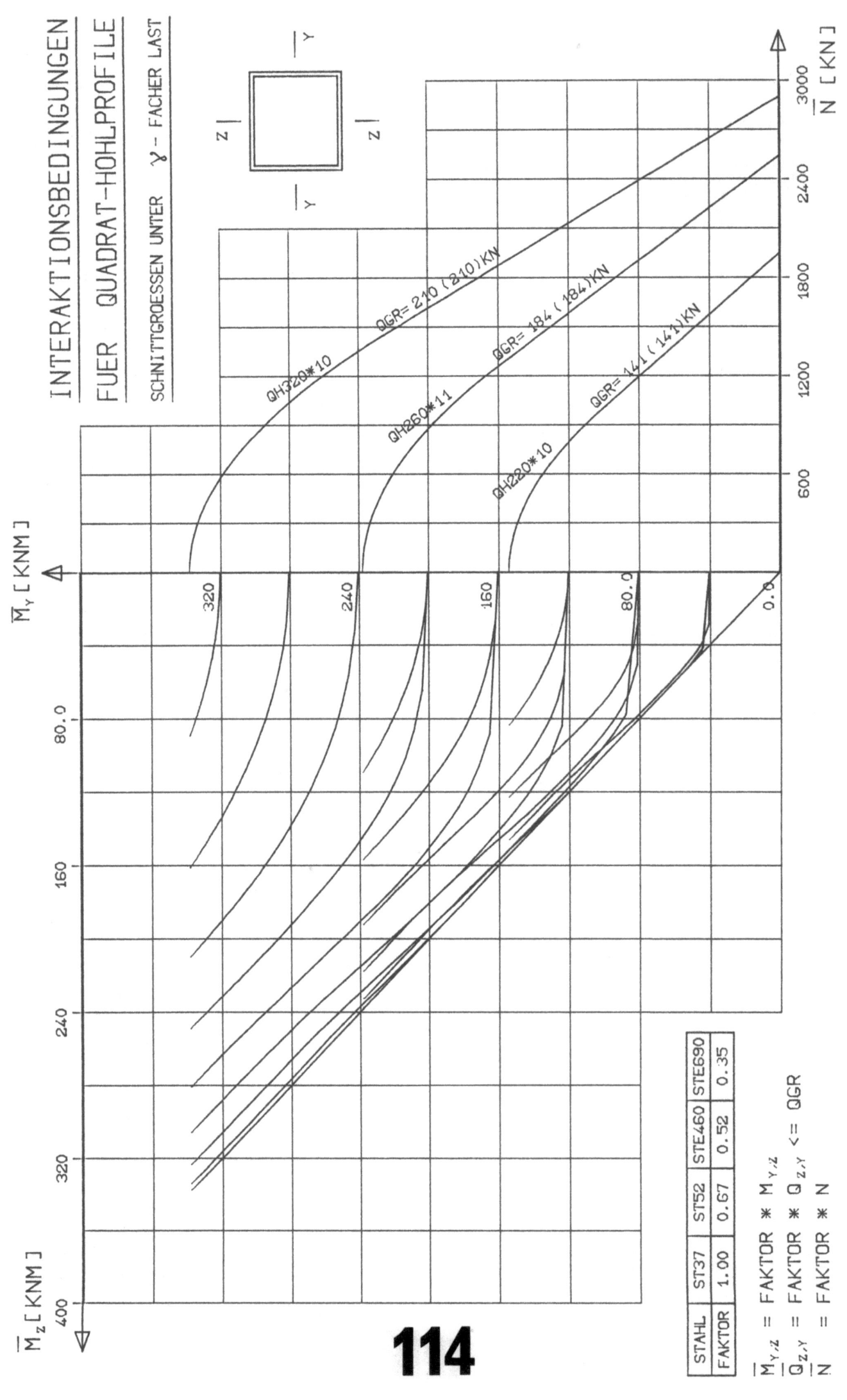

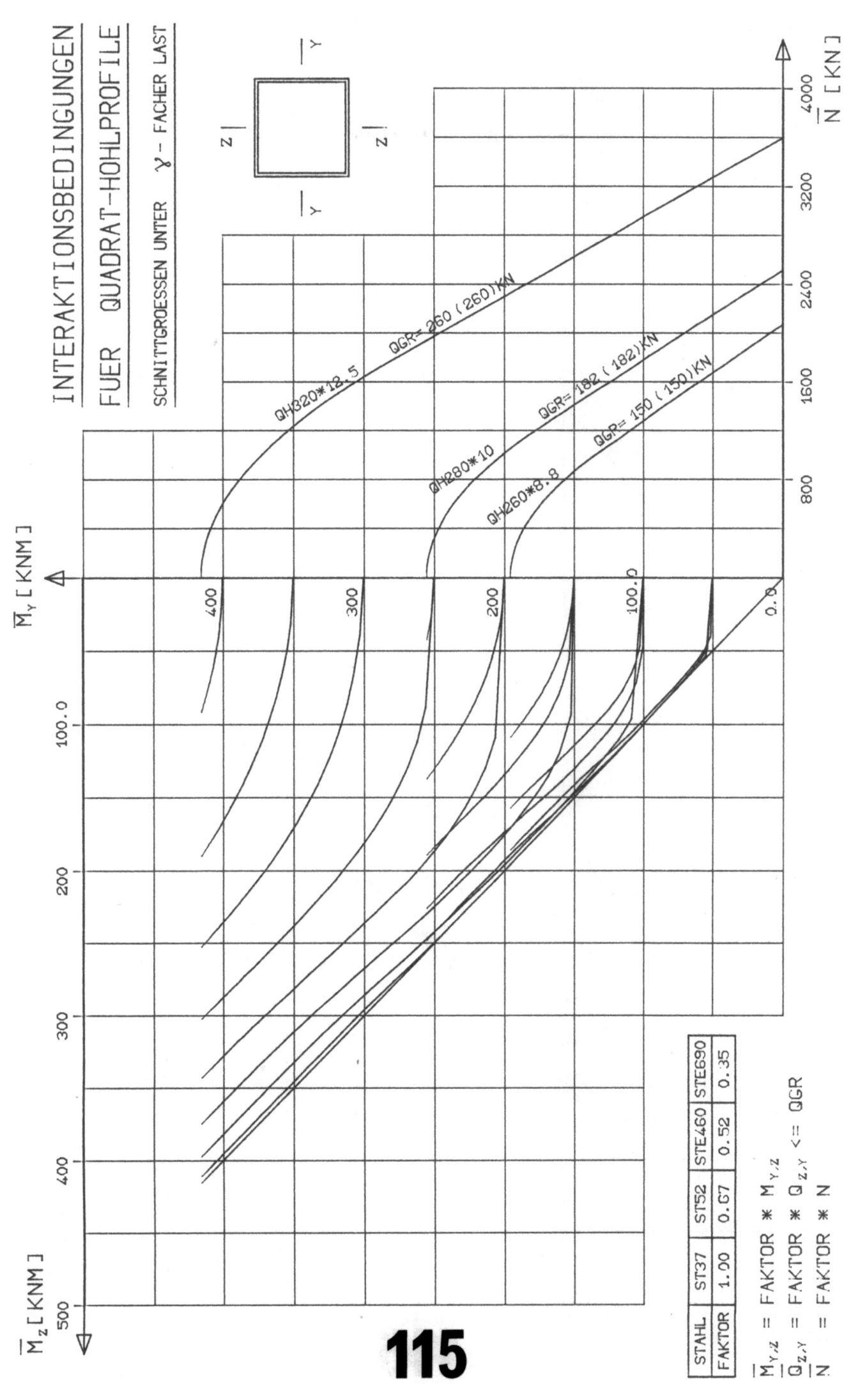

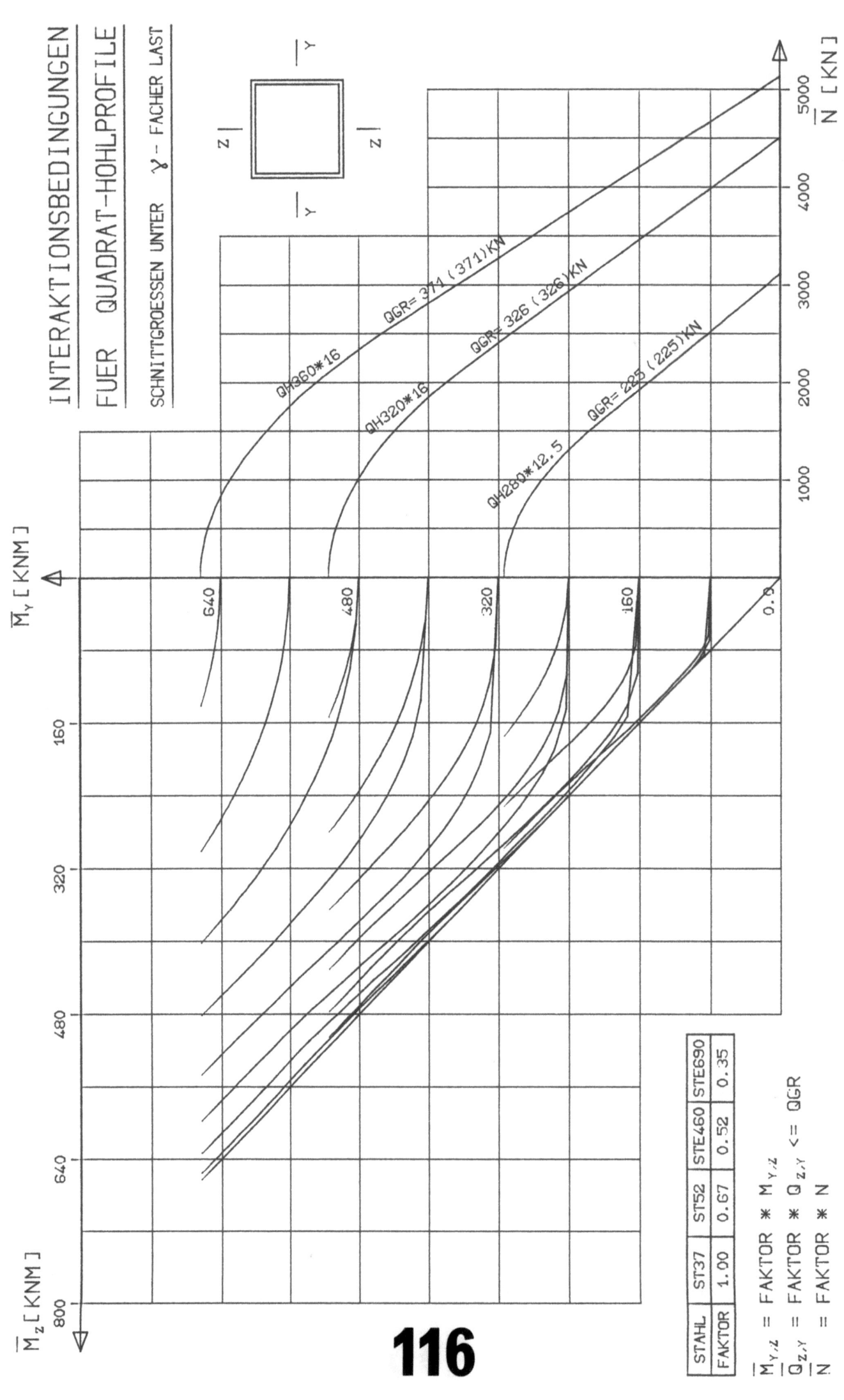

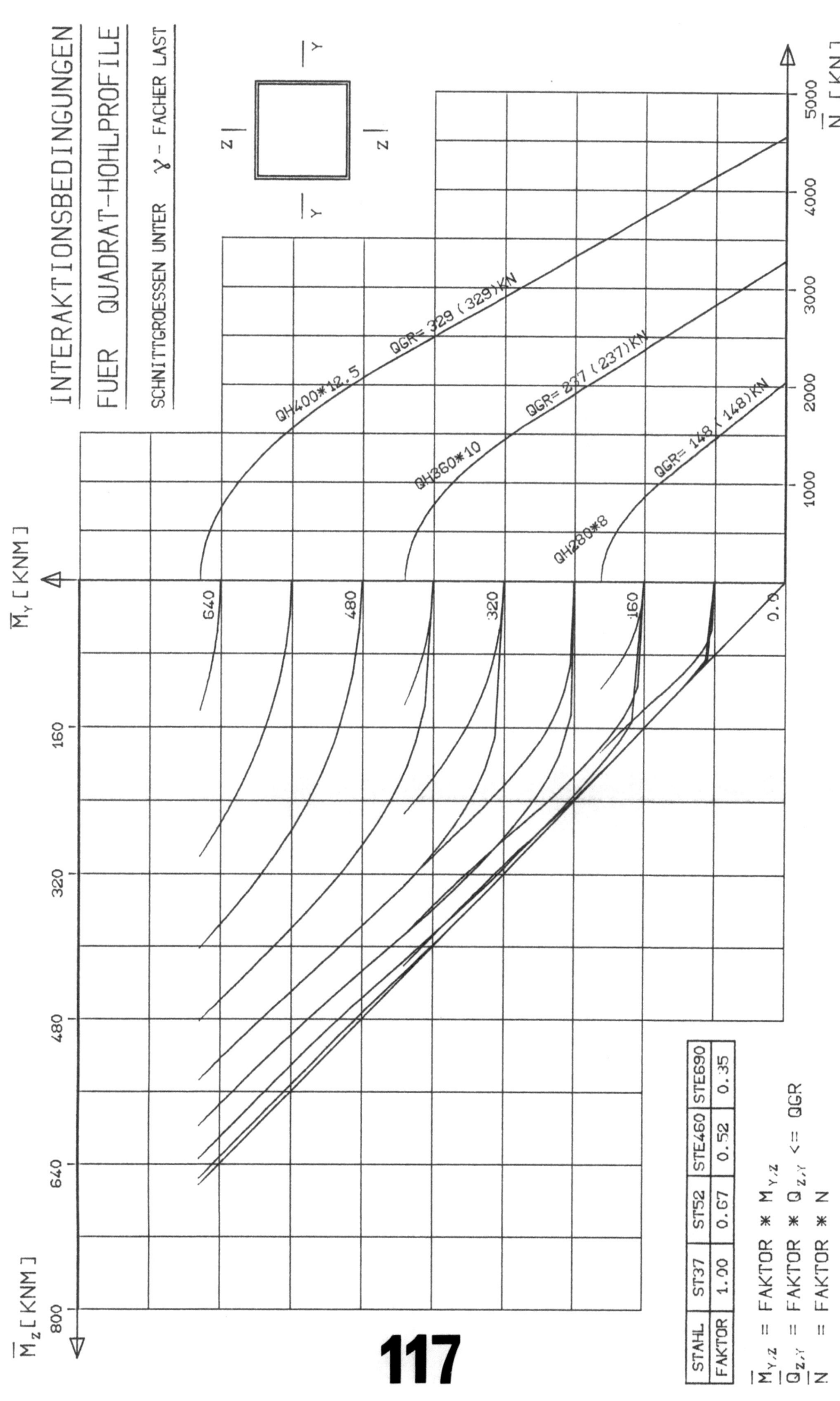

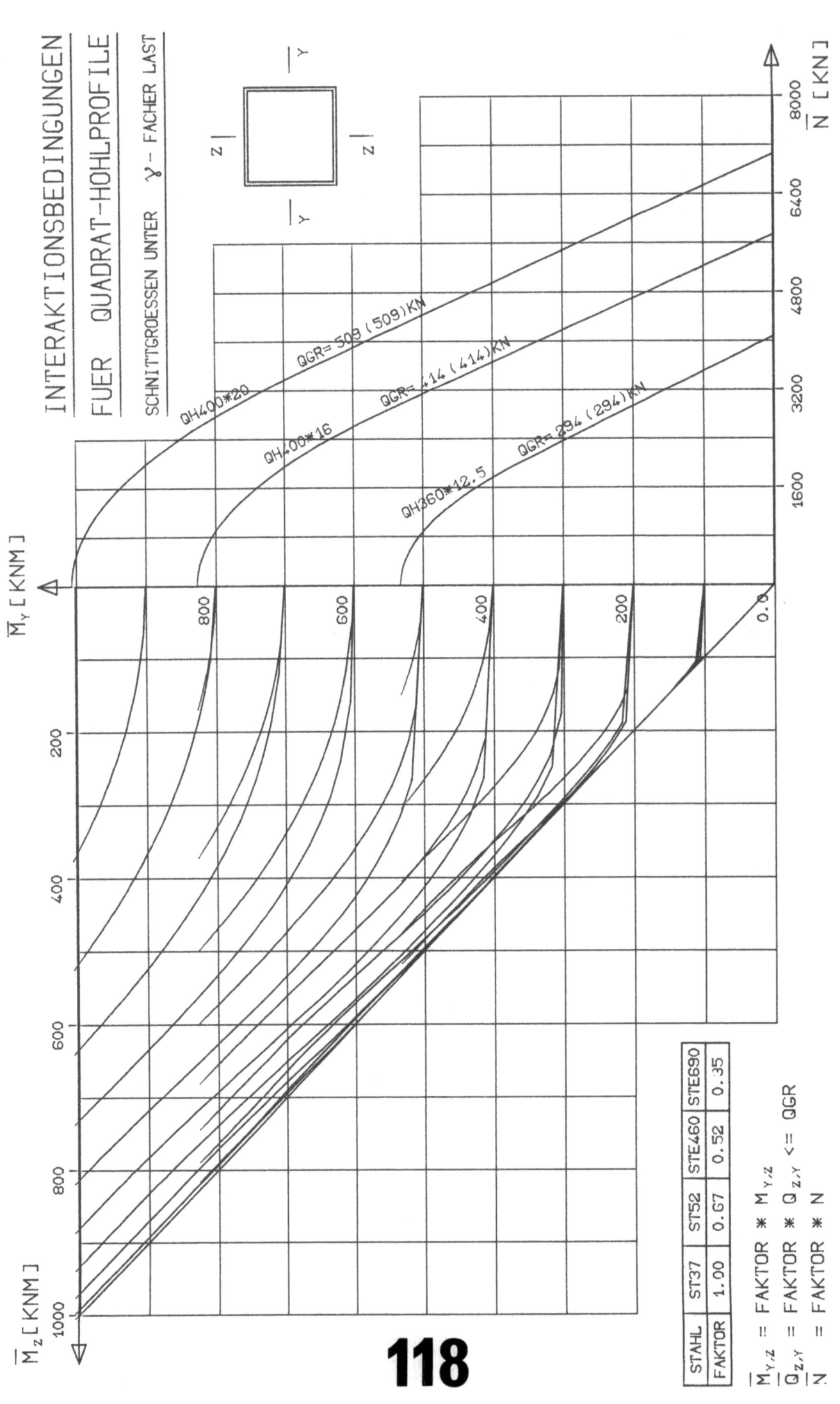

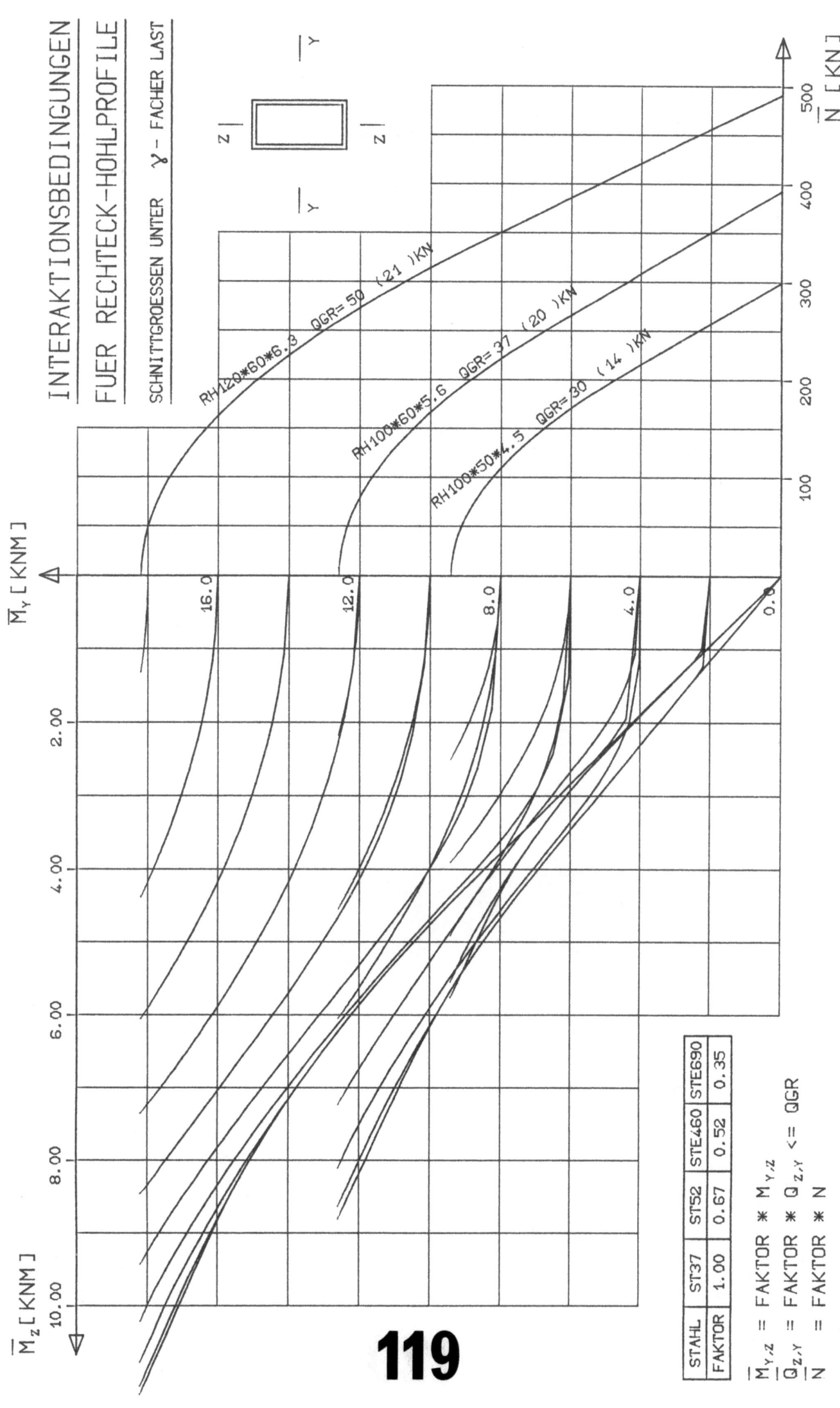

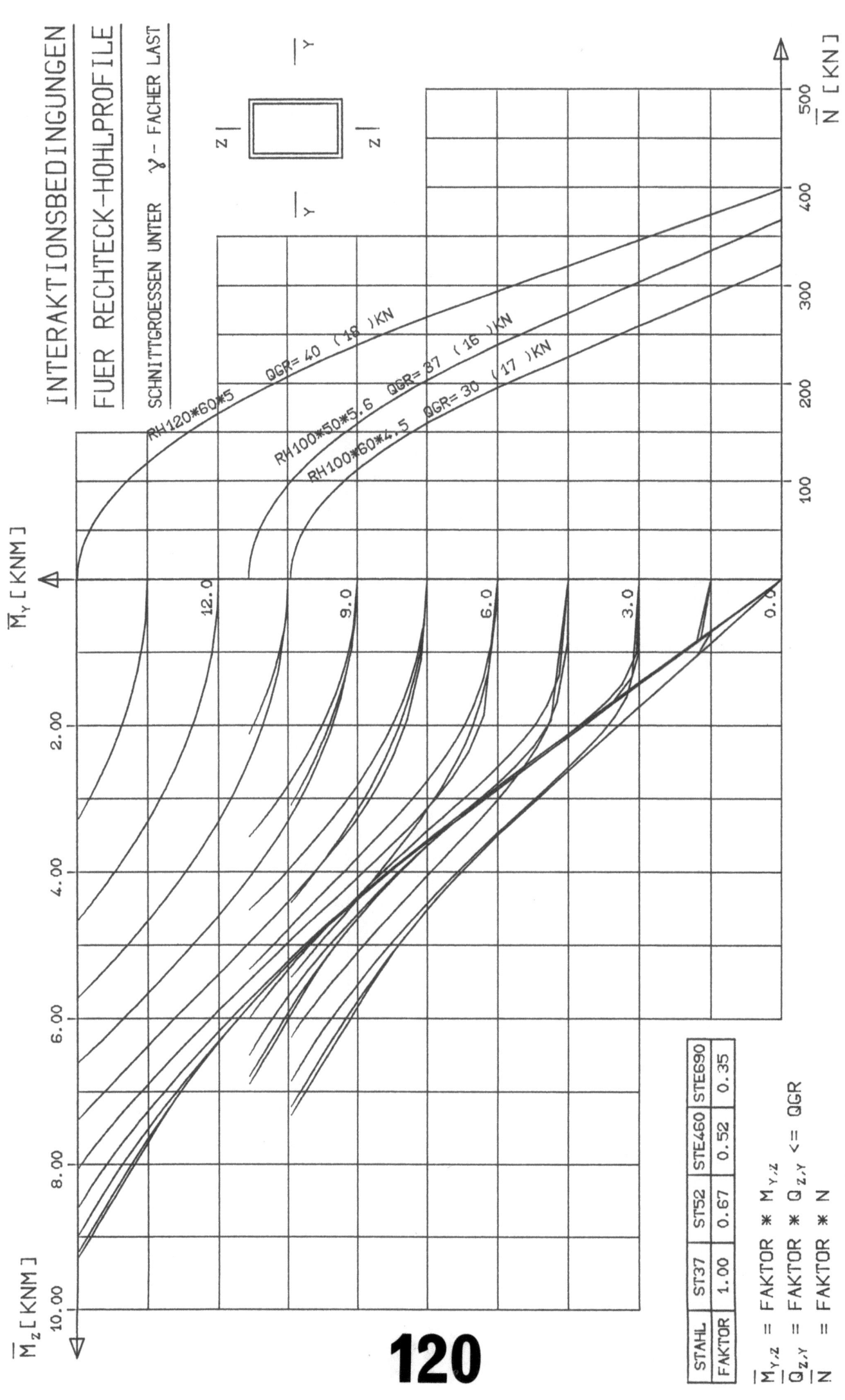

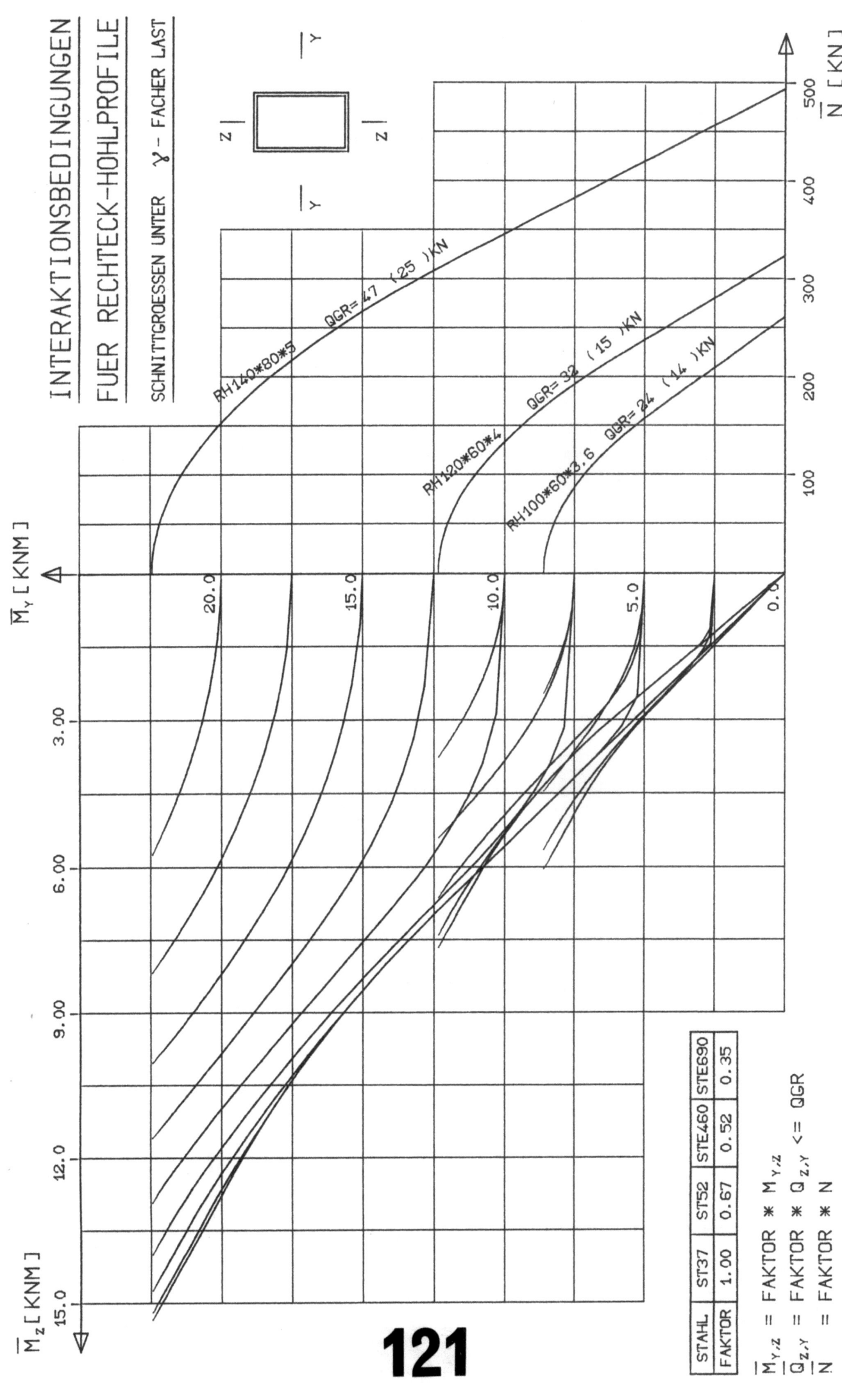

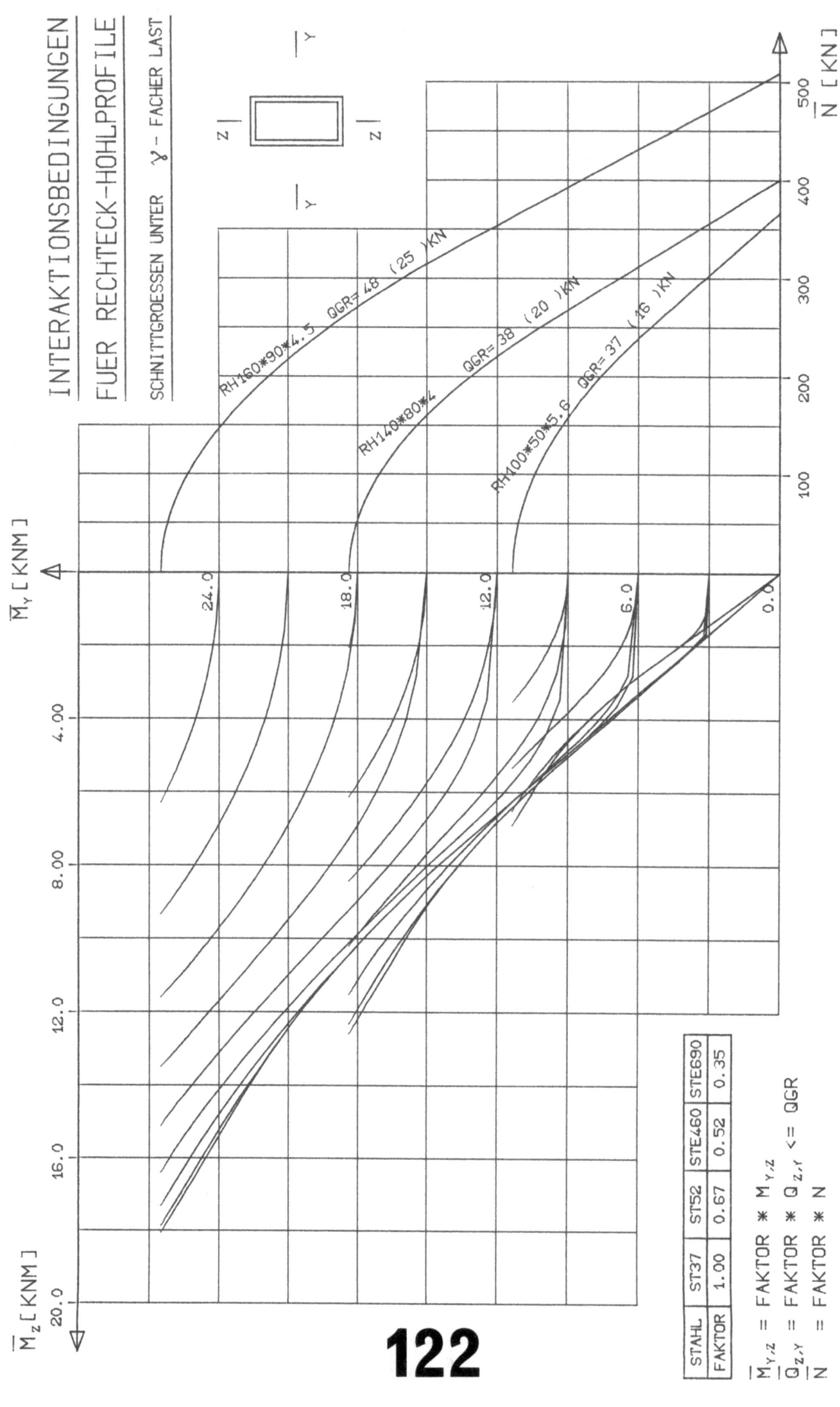

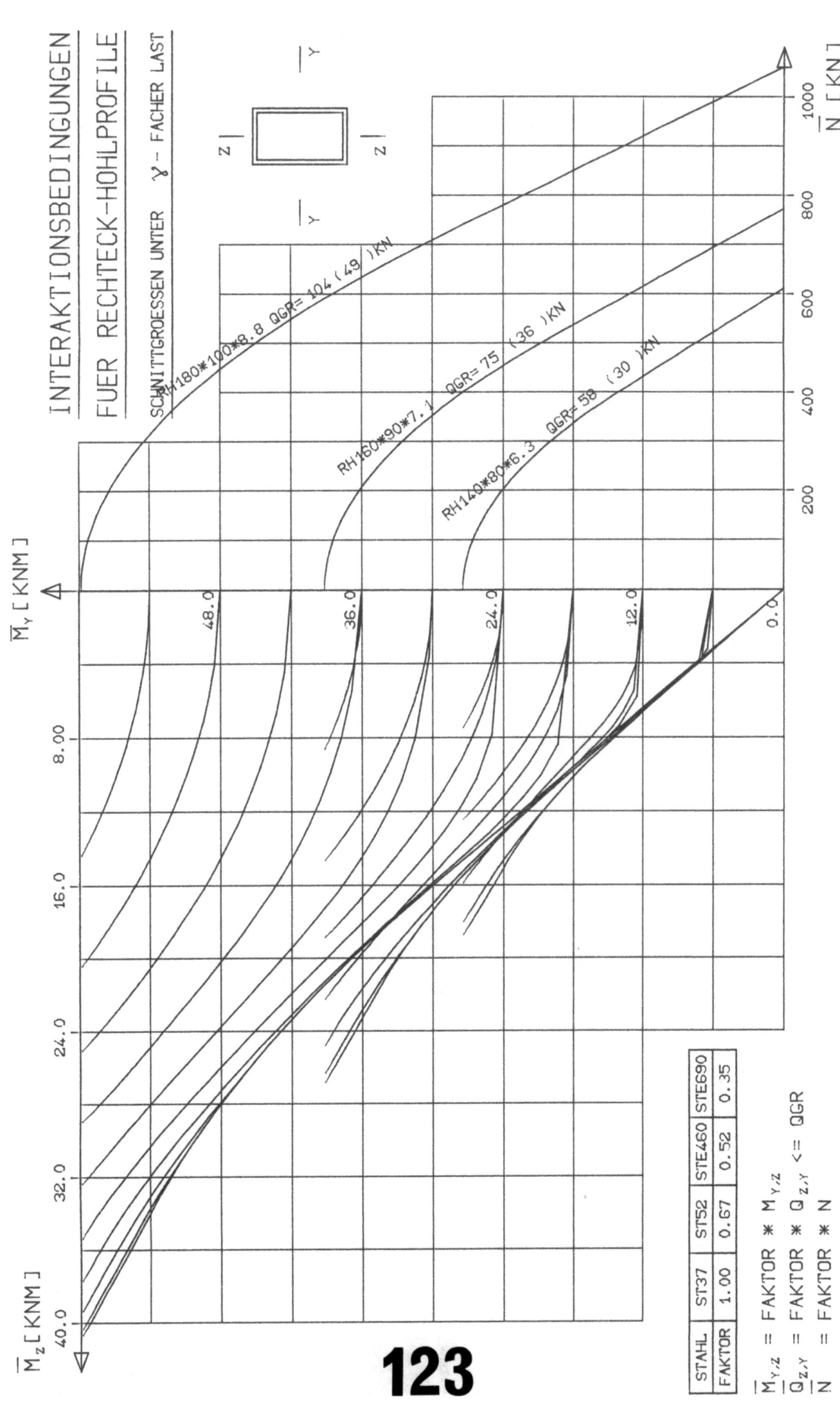

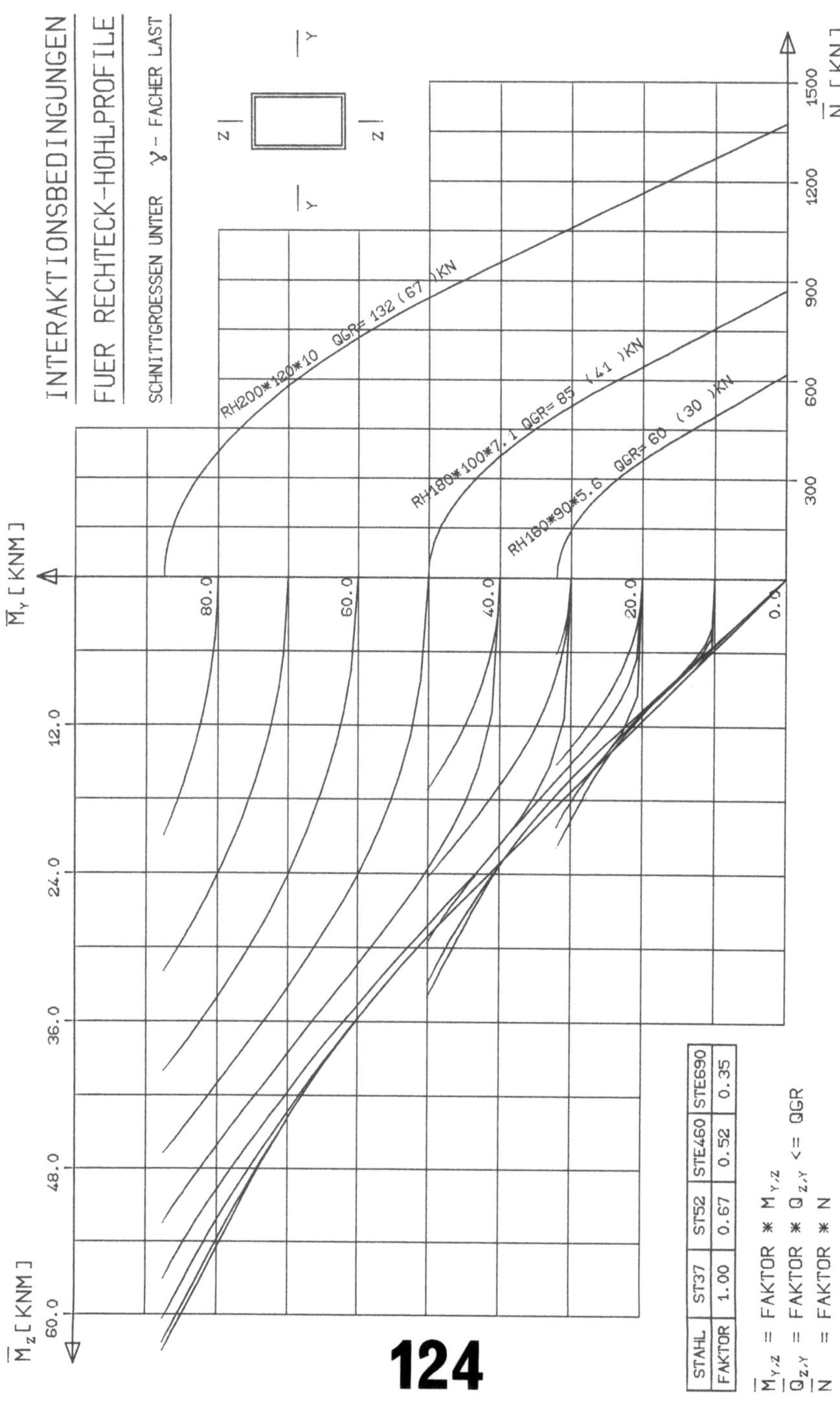

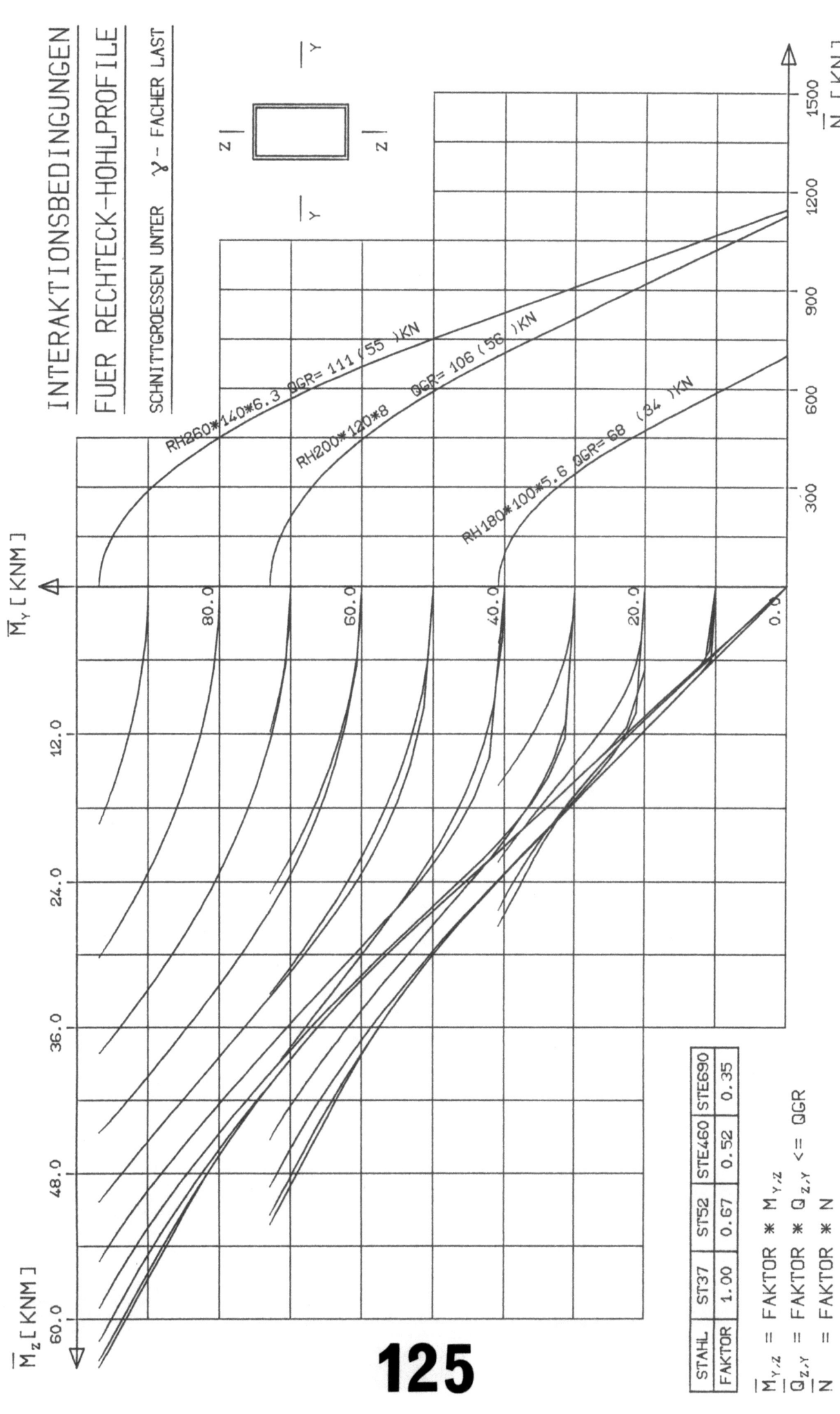

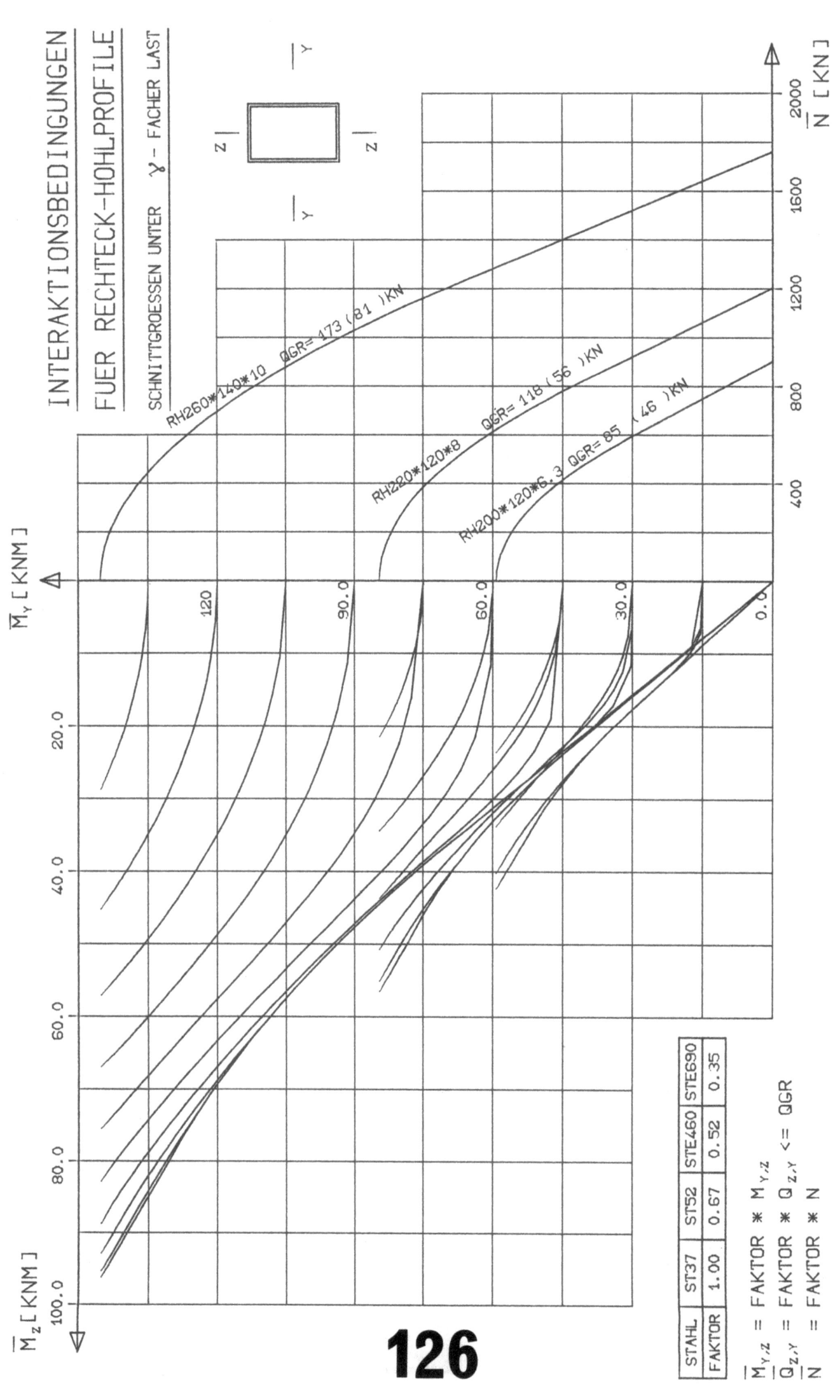

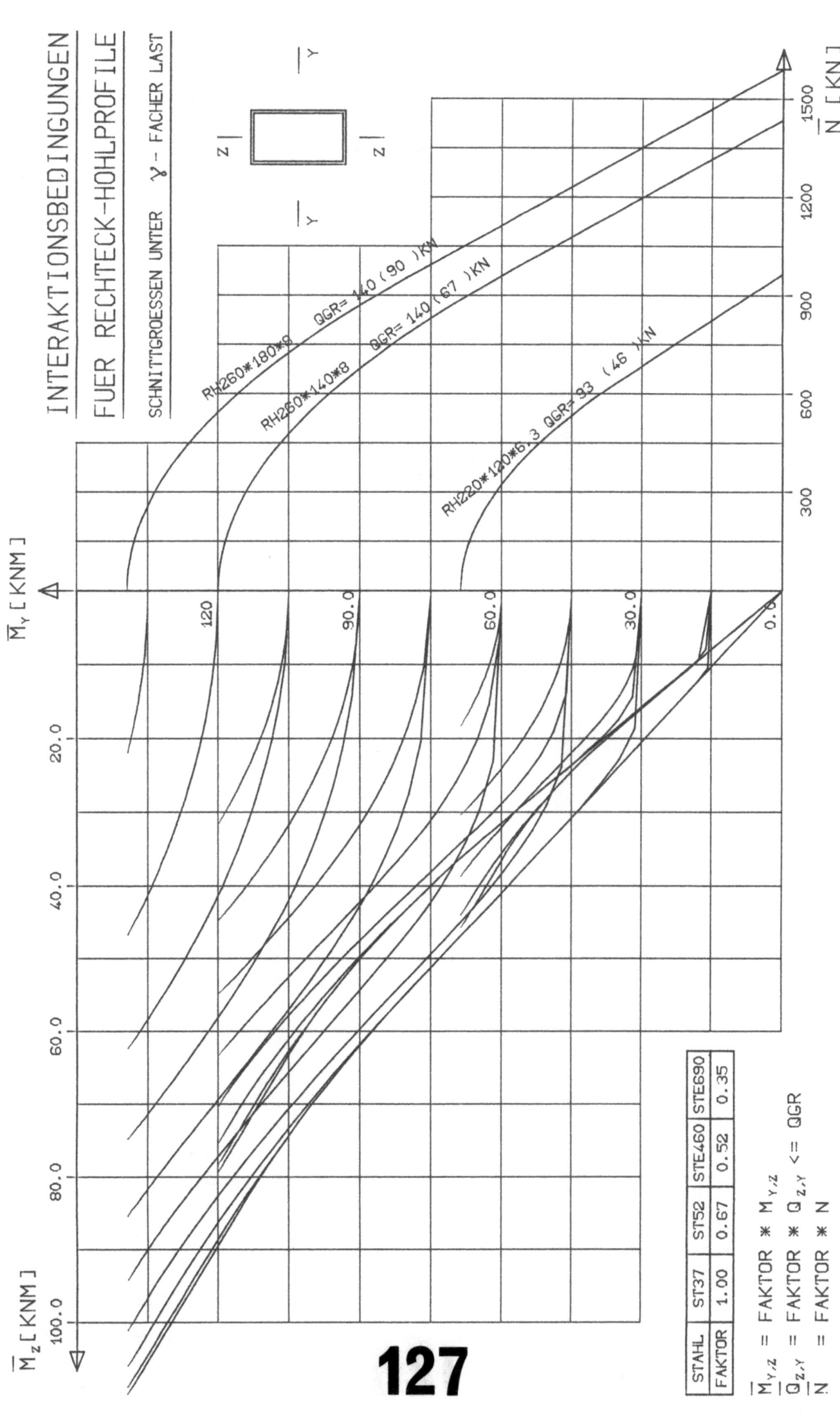

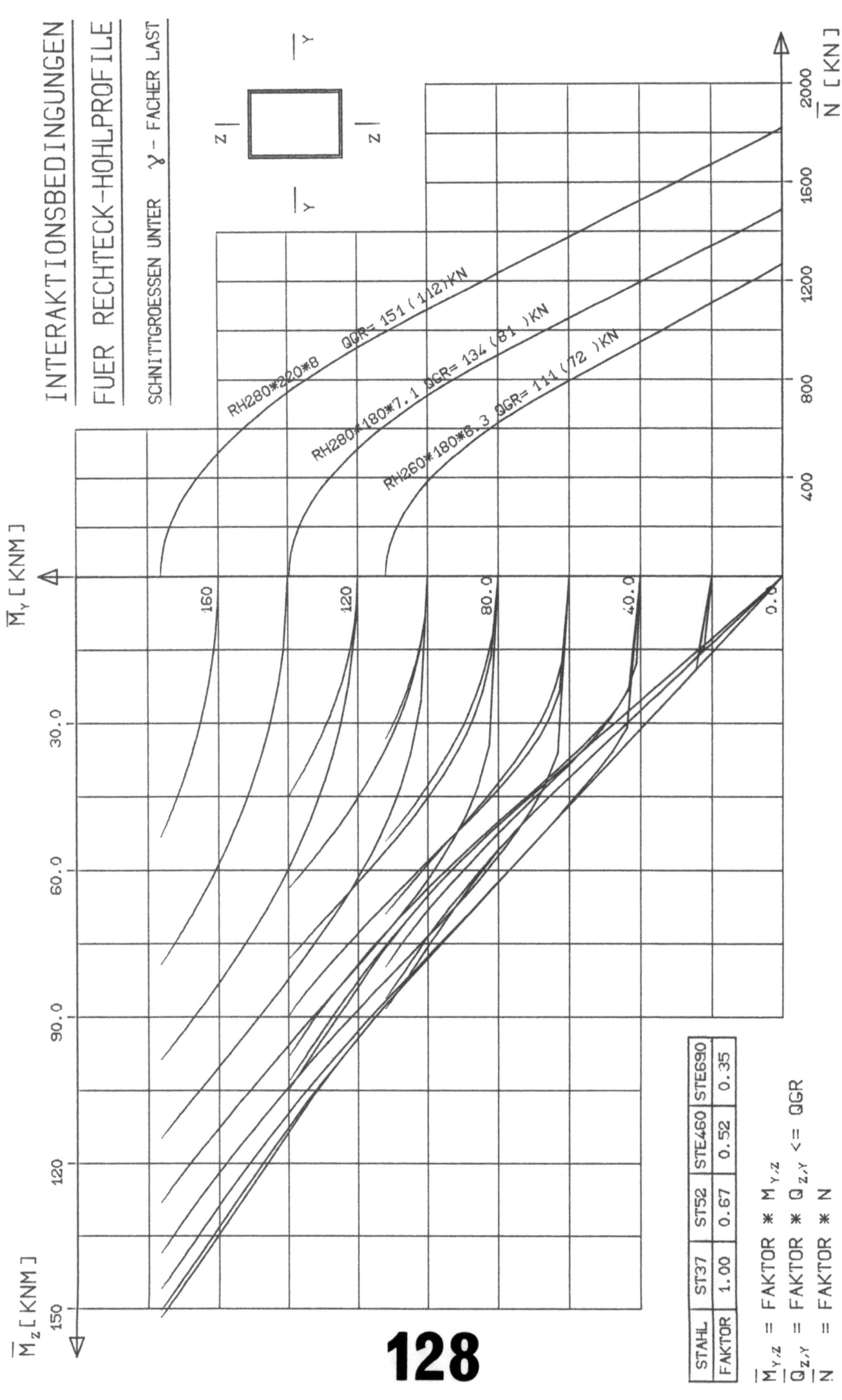

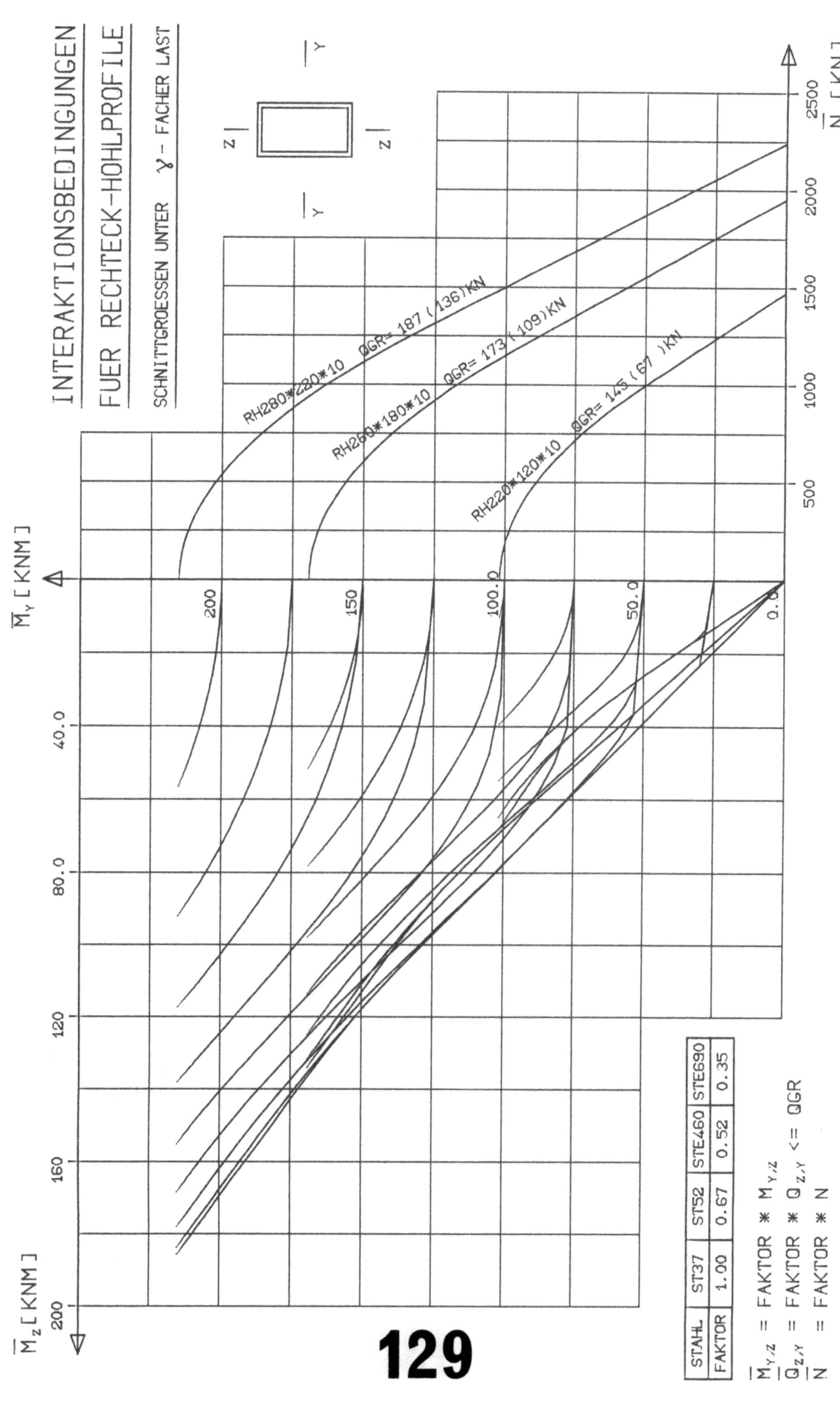

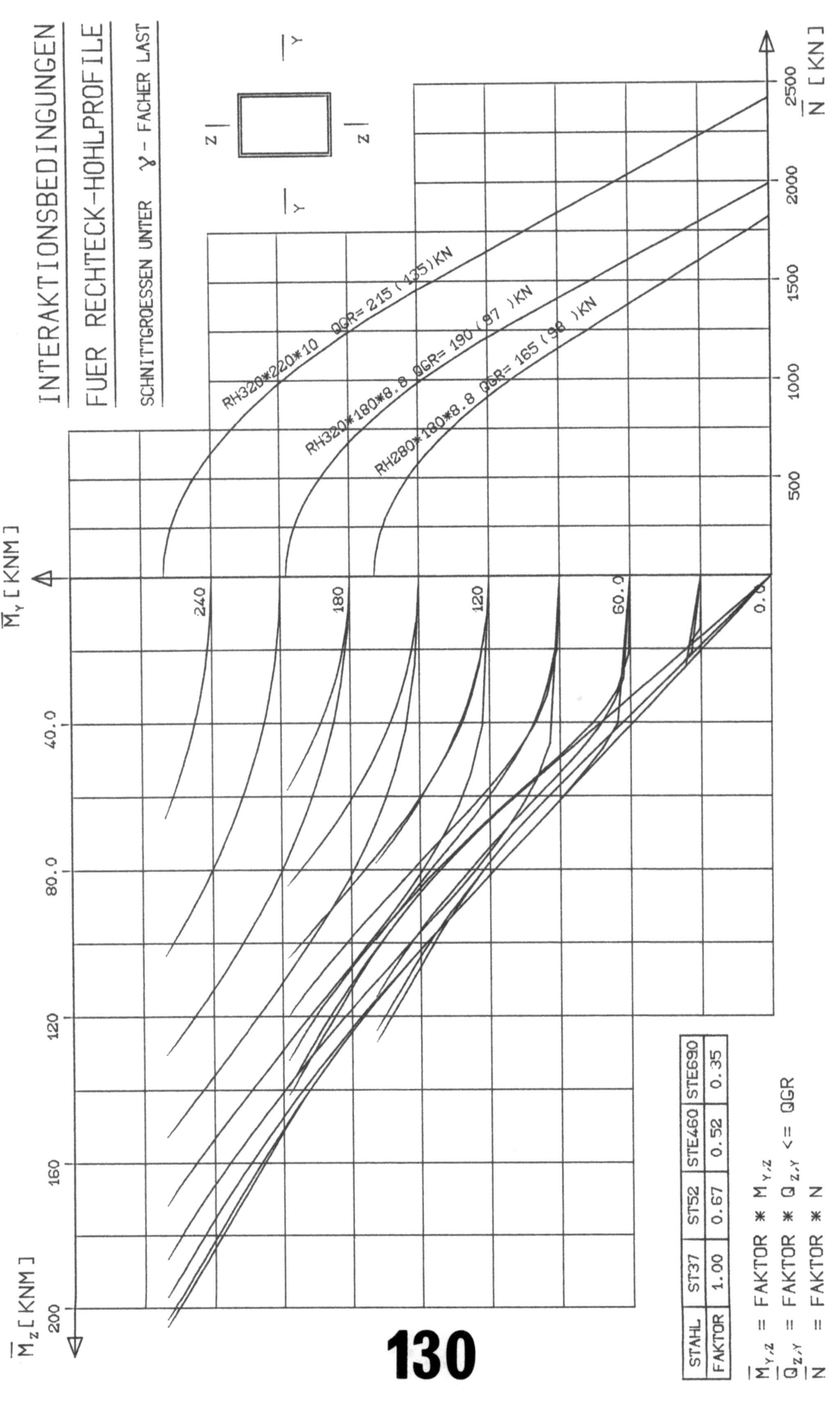

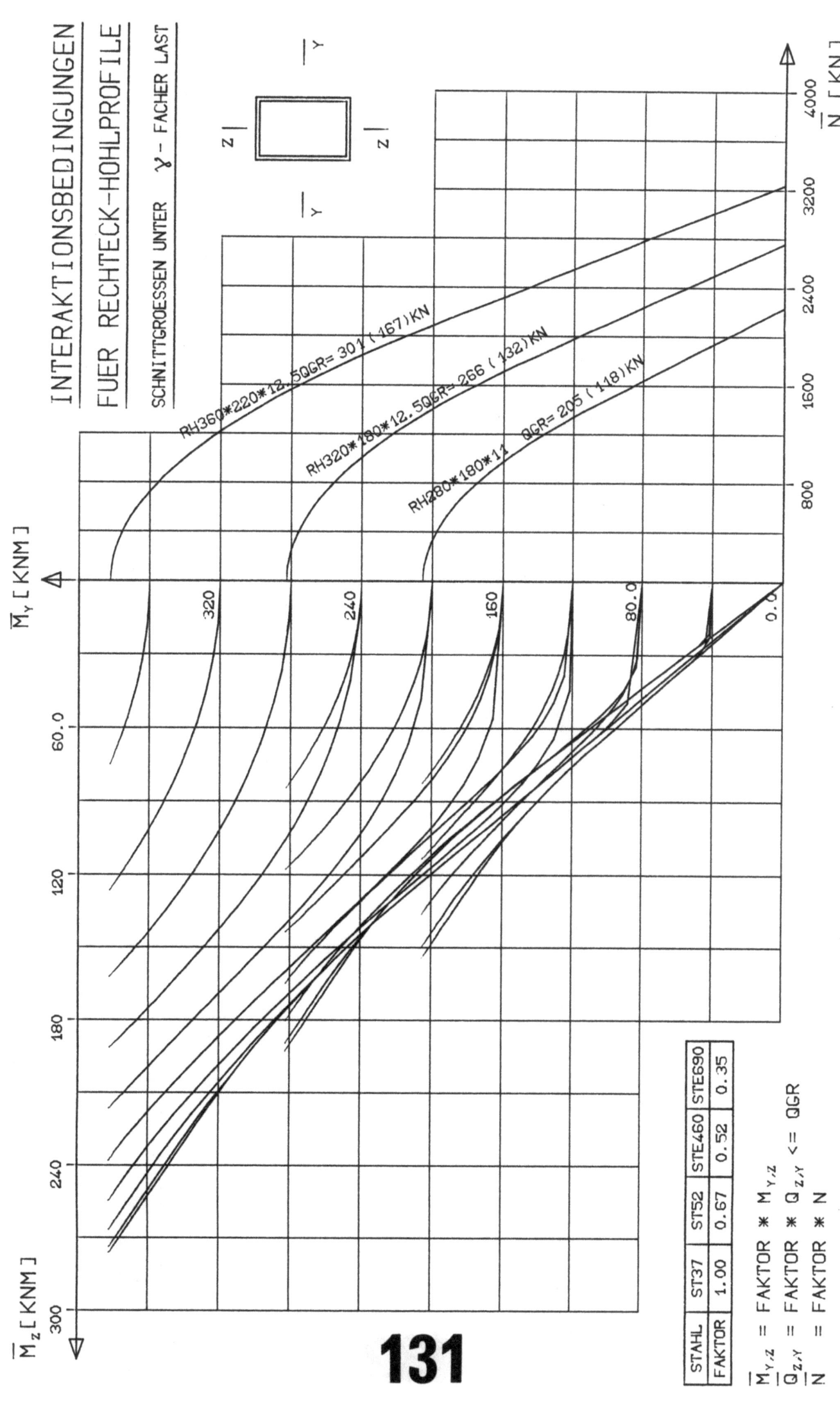

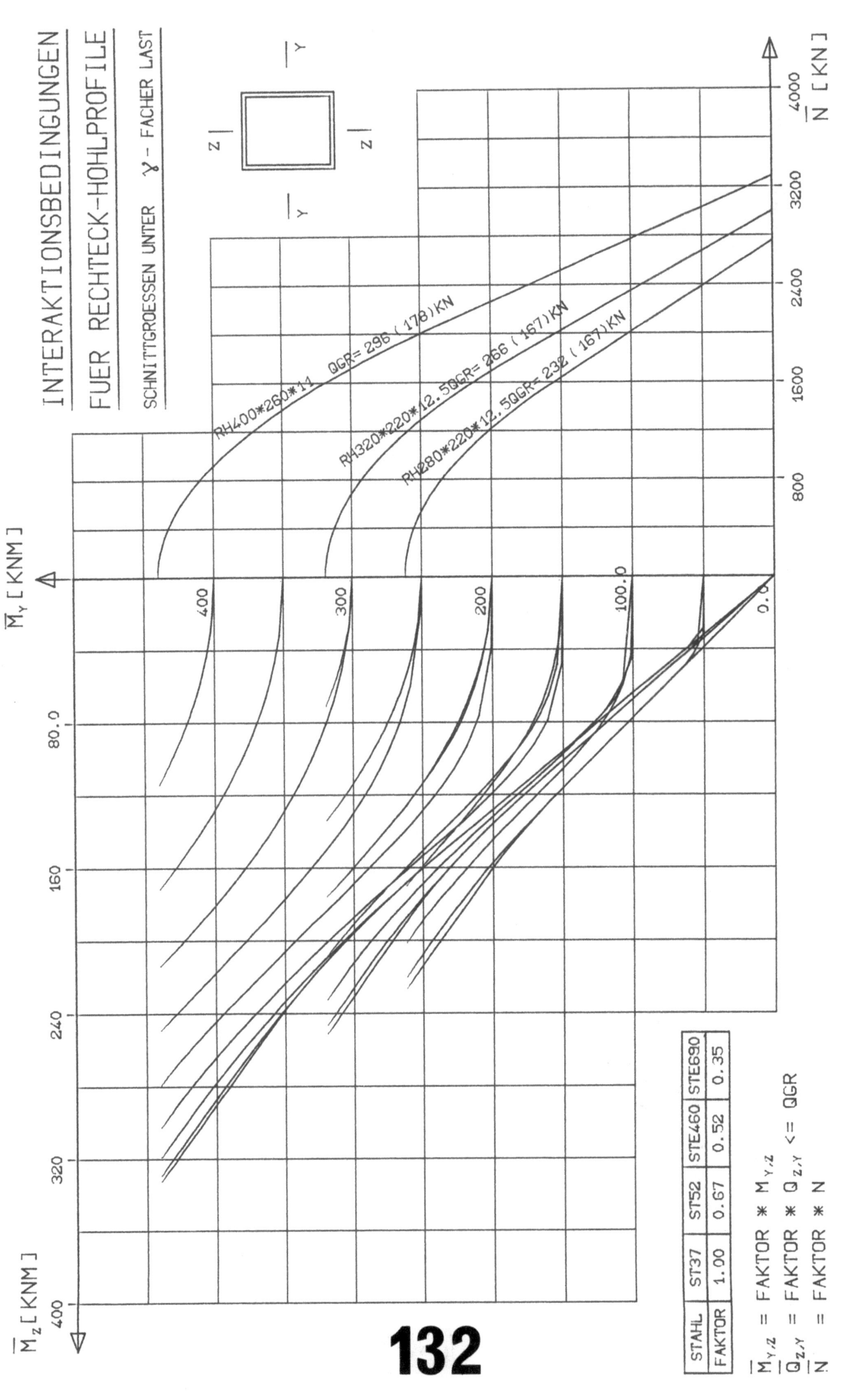

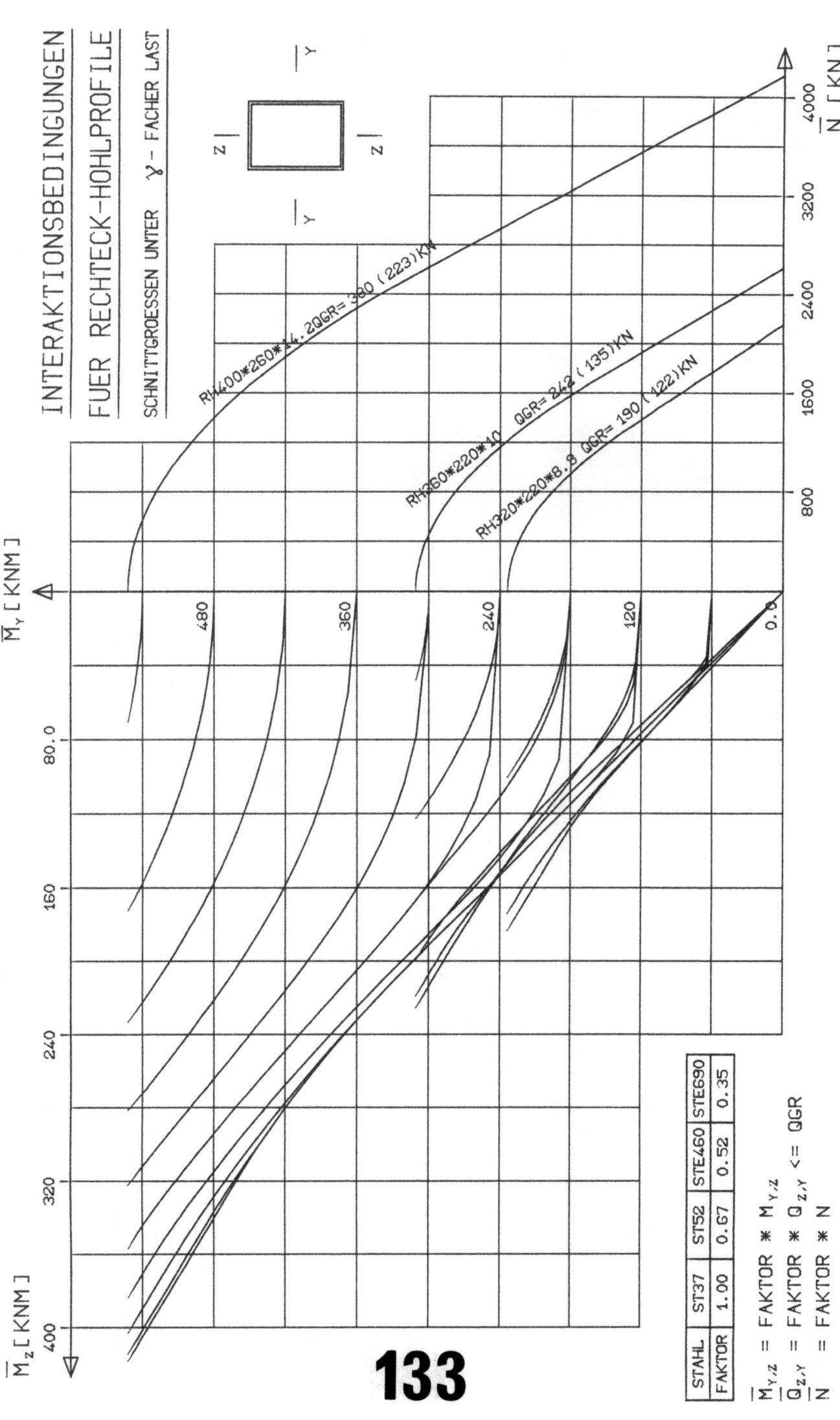

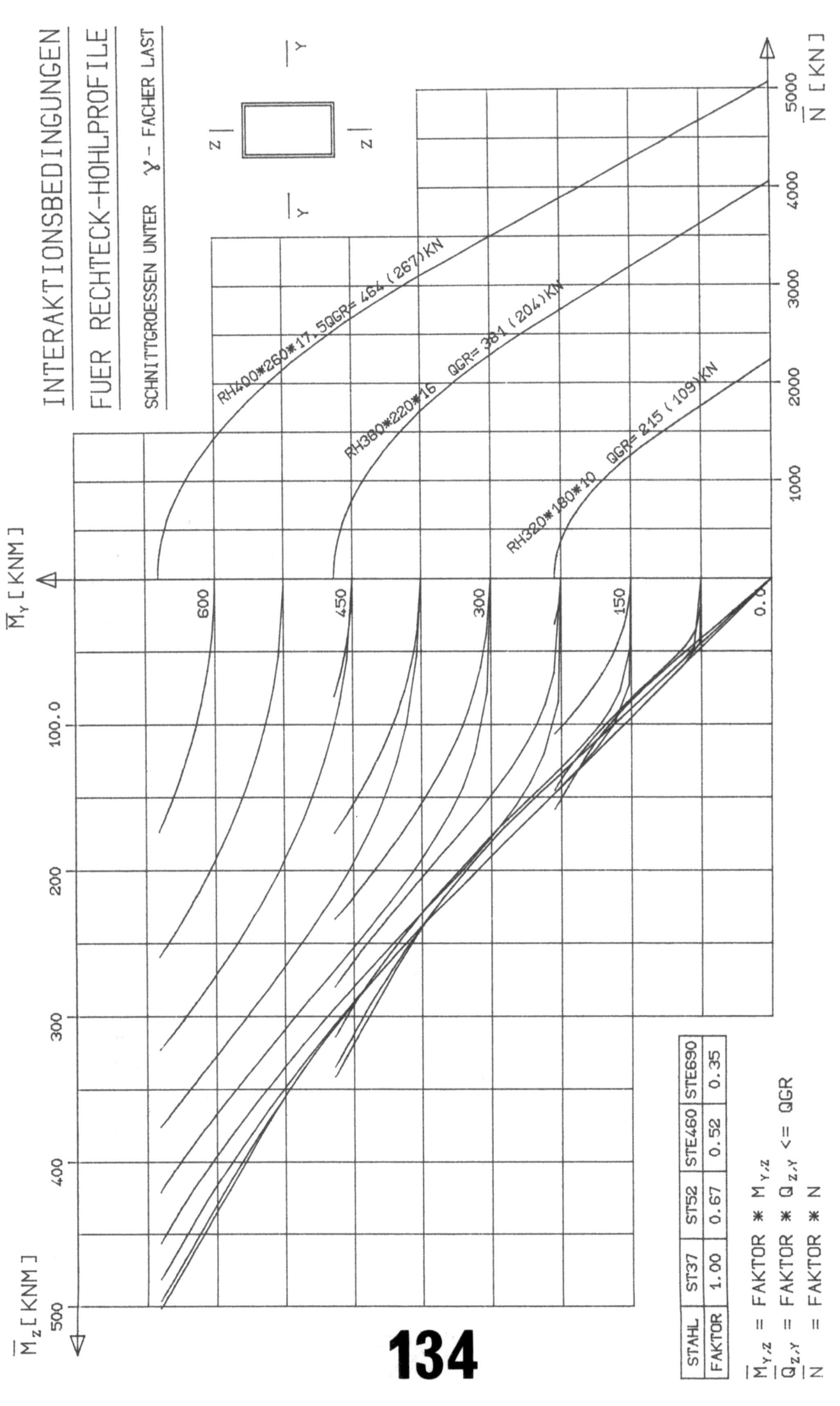

Bauingenieur

Zeitschrift
für das gesamte Bauwesen

ISSN 0005-665-0   Titel Nr. 102

Herausgeber: Prof. Dr.-Ing. I. Scheer,
TU Branschweig

Mitherausgeber: Prof. Dr.-Ing. H. Kupfer,
TU München; Prof. Dr.-Ing. R. Trostel, TU
Berlin; Prof. Dr.-Ing. H.-G. Olshausen,
Hannover

Der ‚Bauingenieur' berichtet über das
gesamte Gebiet des Bauingenieurwesens
(mit Ausnahme von Vermessungswesen
und Verkehrstechnik). Er bringt Aufsätze
über Theorie und Praxis der Ingenieurkonstruktionen, interessante Bauausführungen
des In- und Auslandes, Maschinen sowie
Geräte und deren Einsatz auf der Baustelle,
Baustofffragen, kurze technische Berichte
über bemerkenswerte Bauausführungen,
Buchbesprechungen u.a.
Seit Beginn des Jahres 1982 ist der ‚Bauingenieur' Organ der VDI-Gesellschaft
Bautechnik.

Interessengebiete: Bauwesen insgesamt,
Werkstoffkunde, Wärme- und Energiewirtschaft, Ingenieurmathematik, Ingenieurgeologie.
Veröffentlichungen in deutscher Sprache.

Informationen über **Bezugsbdingungen** und
Probehefte erhalten Sie bei Ihrem Buchhändler oder direkt bei:
Springer-Verlag,
Wissenschaftliche Information Zeitschriften,
Postfach 105280, D-6900 Heidelberg 1

Springer-Verlag
Berlin
Heidelberg
New York

R. Kersten

Das Reduktionsverfahren der Baustatik
Verfahren der Übergangsmatrizen

Mit einer Anleitung zum Programmieren von S. Falk

2. erweiterte und verbesserte Auflage. 1982.
168 Abbildungen. 286 Seiten
Gebunden DM 98,-. ISBN 3-540-10712-6

Inhaltsübersicht: Einführung in die Matrizenrechnung. - Allgemeine Betrachtungen zum Reduktionsverfahren. - Beliebig gestützte Einfeld- und Durchlaufträger für feldweise konstante Biegesteifigkeit EI_y nach Theorie I. Ordnung. - Ebene offene Rahmentragwerke nach Theorie I. Ordnung. - Ebene geschlossene Rahmentragwerke nach Theorie I. Ordnung. - Kreuzwerke nach Theorie I. Ordnung. - Räumlich beanspruchter Stab mit veränderlichem Querschnitt nach Theorie I. Ordnung. - Beliebig gestützter Einfeld- und Durchlaufträger für feldweise konstante Biegesteifigkeit EI_k und feldweise konstante Horizontalkraft H_k nach Theorie II. Ordnung. - Ebene geschlossene Rahmentragwerke nach Theorie II. Ordnung für feldweise konstante Biegesteifigkeit EI_k und feldweise konstante Normalkraft H_k. - Beliebig belasteter Balken mit feldweise konstanter Biegesteifigkeit EI_k und feldweise konstanter elastischer Bettung β_k. - Schlußbetrachtungen. - Anhang: Zur Programmierung des Reduktionsverfahrens. - Literaturverzeichnis.

Das Reduktionsverfahren der Baustatik hat sich in der Praxis vielfältig bewährt. Es wird besonders in großen, mit EDV-Anlagen ausgerüsteten Rechenbüros benutzt. Das vorliegende Buch stellt eine Einführung in das Reduktionsverfahren zur Ermittlung der Schnitt- und Deformationsgrößen an den gebräuchlichsten Tragwerken der Baustatik (beliebig gestützte Durchlaufträger, Stockwerkrahmen, Vierendeelträger, Kreuzwerke usw.) dar. Es wendet sich vor allem an Studenten und Ingenieure des Bauingenieurwesens, die das Verfahren kennenlernen wollen.

In der nun erscheinenden zweiten Auflage waren in den nicht änderungsbedürftigen Kapiteln, die die Anwendung des Verfahrens nach Theorie I. Ordnung behandeln, sowie im Abschnitt über die Programmierung nur Druckfehler zu korrigieren. Neu sind dagegen die Kapitel, in denen das Verfahren auf Theorie II. Ordnung erweitert wird, sowie die Ausführungen über beliebig belastete Balken auf elastischer Bettung.

Springer-Verlag
Berlin
Heidelberg
New York

MIX
Papier aus verantwortungsvollen Quellen
Paper from responsible sources
FSC® C105338

If you have any concerns about our products,
you can contact us on
ProductSafety@springernature.com

In case Publisher is established outside the EU,
the EU authorized representative is:
Springer Nature Customer Service Center GmbH
Europaplatz 3, 69115 Heidelberg, Germany

Printed by Libri Plureos GmbH
in Hamburg, Germany